단백질 구조 예측과 3D프린팅을 이용한

# 단백질구조모형
# 제작 실험서

서주현 • 조현열

국민대학교 출판부
KOOKMIN UNIVERSITY PRESS

Chapter

# 01

# 상동성 모델링의 기초 이론

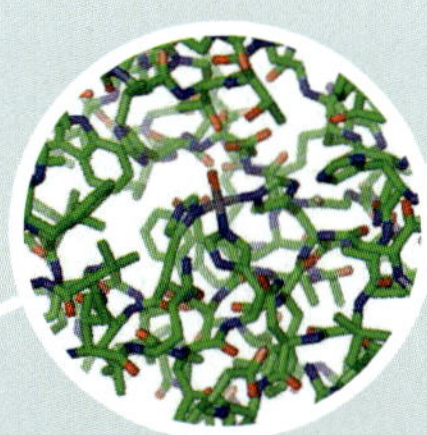

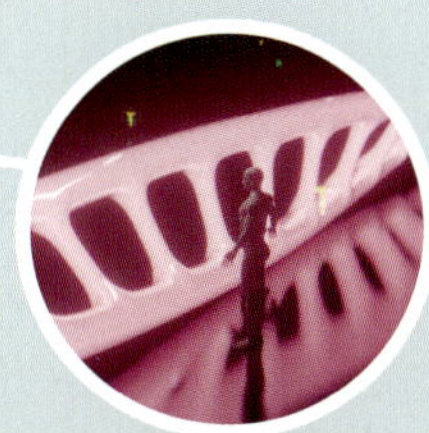

## 1 상동성 모델링이란

단백질 구조 예측은 컴퓨터 알고리즘을 활용하여, 아미노산 서열만 알고 있는 단백질에 대하여 3차원 구조를 예측하는 것을 말한다. 여기서 3차원 구조라 함은 단백질을 구성하고있는 모든 원자들의 3차원 위치를 결정하는 것을 의미한다. 단백질 구조 예측을 위해 현재까지 여러 가지 방법들이 개발되었고 사용되었다. 대표적인 예로는, ab initio modeling, threading, homology modeling 및 최근에 개발된 AI를 이용한 단백질 구조 예측 (예, AlphaFold, RossettaFold) 방법이 있다. AI를 이용한 단백질 구조 예측법이 개발되기 전까지여러 가지 단백질 구조 예측 방법 중 가장 정확한 방법은 상동성 모델링법이었다 [1]. AI를이용한 단백질 구조 예측법이 개발된 현재에도 template이 많이 존재하는 구조 예측 타겟 단백질에 대해서는 여전히 매우 높은 예측 정확성을 보여주는 방법이기도 하다. 상동성 모델링(영어로는 homology modeling 또는 comparative modeling)은 '단백질의 구조 변화는 서열의 변화보다 훨씬 더 적게 일어난다'라는 전제로부터 비롯된다. 다시 말하면, 동일한 두 단백질이 각자 별개로 아미노산 서열에 변화가 일어난다고 해도 두 단백질의 3차원 구조는 서열유사도가 매우 낮아지기 전까지(사람들은 30% 이하를 주로 생각함) 동일한 구조를 유지한다는 것을 의미한다. 또 다른 표현으로 이야기 하자면, 서로 다른 단백질이 일정 수준 이상의서열유사도(일반적으로 30%를 이야기한다. 그렇지만 언제나 그런 것은 아니므로 주의하여야한다.)를 가지면 두 단백질은 같은 fold의 3차원 구조를 가진다는 것을 의미한다.

상동성 모델링은 위와 같은 원리를 가지므로, 실험적으로 밝혀진 3차원 구조가 없어서 구조를 예측하고 싶은 단백질(이하, query)의 3차원 구조를 알기 위해서는, 실험적으로 밝혀진 단백질(이하, pdb protein; 실험적으로 알아낸 단백질 3차원 구조를 모아놓은 데이터베이스인 PDB database에 수록된 단백질이라는 의미에서 pdb protein으로 많이 불리워진다. PDB는 protein data bank의 약어이다) 중에서 query protein과 서열유사도가 높은 단백질(이하, template)을 찾아야만 한다. 일단 template를 찾고 나면, query protein 서열과 하나혹은 두 개 이상의 template protein의 서열(들)을 가지고 서열 정렬(sequence alignment)를 수행하게 된다. 서열 정렬의 결과는 query protein의 각각의 아미노산의 공간 상의 위치정보(location 및

geometry)를 template protein을 이루는 아미노산 중 어떤 아미노산의 공간 상의 위치 정보로부터 '복사'해올지를 결정하기 때문에 매우 중요하다. 그 이후에, query protein의 3차원 공간 정보를 작성하게 되고, 경우에 따라서는 query protein의 예측된backbone의 구조는 유지하되 각각의 아미노산의 잔기의 구조만 다시 예측한다. 최종적으로,예측된 3차원 구조의 검증과정을 거쳐 최종 예측 구조를 만들게 된다. 구체적인 방법에 대해서는 아래에 다시 설명하도록 한다.

위의 설명에서, 예측된 3차원 구조는 각각의 아미노산의 공간 상의 위치 정보를 가진다라고 표현하였는데, 이것의 의미는 3차원 구조의 정보를 담고 있는 파일을 열어보면 알 수있다 (그림 1-1 참조).

```
ATOM      1  N   HIS A   4      11.060  -0.584   8.195  1.00 23.20           N
ATOM      2  CA  HIS A   4       9.888   0.167   8.760  1.00 22.64           C
ATOM      3  C   HIS A   4       9.112  -0.917   9.607  1.00 20.94           C
ATOM      4  O   HIS A   4       9.314  -2.127   9.325  1.00 21.32           O
ATOM      5  CB  HIS A   4       9.054   0.834   7.700  1.00 24.47           C
ATOM      6  CG  HIS A   4       7.699   1.459   7.983  1.00 26.46           C
ATOM      7  ND1 HIS A   4       7.546   2.794   8.406  1.00 27.37           N
ATOM      8  CD2 HIS A   4       6.436   0.959   7.912  1.00 27.10           C
ATOM      9  CE1 HIS A   4       6.271   3.044   8.548  1.00 27.45           C
ATOM     10  NE2 HIS A   4       5.576   2.002   8.265  1.00 27.36           N
ATOM     11  N   TRP A   5       8.403  -0.459  10.526  1.00 18.42           N
```

[그림 1-1] 단백질 구조 파일(일반적으로 pdb라는 확장자를 가진다)의 예. 이 예는 사람유래의 carbonic anhydrase II 구조(PDB ID: 4CAC) 파일의 일부이다.

위의 그림 1-1을 보면, 열로 따졌을 때, 31번 열부터 38번 열까지에 들어있는 글자,즉, 가장 첫줄에서는 11.060이 되는데, 이것이 원자가 3차원 공간에서 가지는 x 좌표이다. 39번 열부터 46번 열까지는 y 좌표, 47번 열부터 54번 열까지는 z 좌표를 나타낸다. 이와 같이단백질 구조 정보는 단백질을 이루고 있는 각각의 원자의 3차원 좌표, 즉, (x, y, z) 좌표를이용해서 제시되고 있다. 물론, 이 원자가 산소인지 탄소인지 등의 원자 종류도 표시되어 있다 (13번열부터 16번 열까지의 정보, 위 그림 1-1의 첫 번째 줄에는 원자정보가 N, 즉 질소로 나타나 있다). 이와 같은 3차원 정보는 PyMol과 같은 viewer를 통해서 단백질 그림으로볼 수 있는데, 위의 그림 1-1에서 나타난 4CAC 구조를 PyMol로 열어보면 아래 그림 1-2와 같이 보인다.

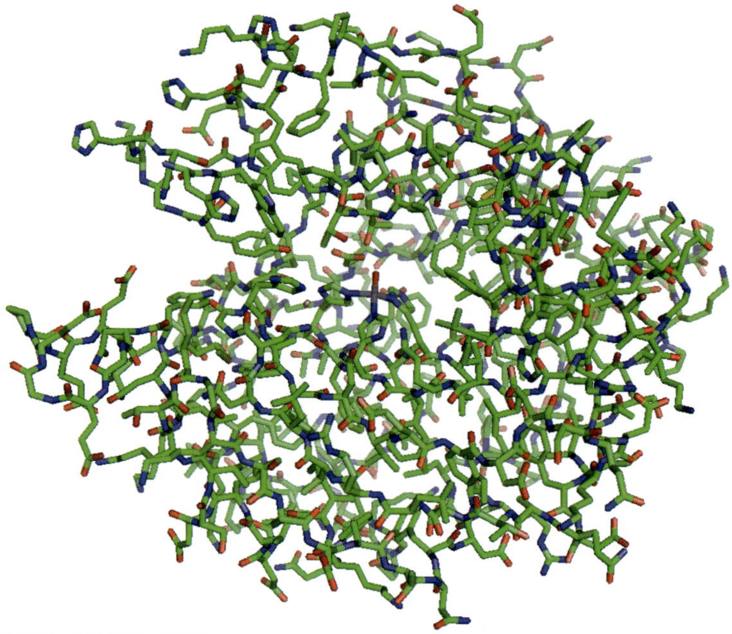

[그림 1-2] 사람 유래 carbonic anhydrase II 구조(PDB ID: 4CAC)를 PyMol을 이용하여시각화하였을 때 나타나는 단백질 구조의 모습.

그림 1-2를 보면 파란점, 빨간점, 녹색점 등등이 보이는데, 이러한 점들을 이어주는 녹색선도볼 수 있다. 녹색점은 탄소, 빨간점은 산소, 파란점은 질소를 나타내며, 녹색선은 공유결합을 나타낸다. PDB 구조 파일에는 원자의 종류와 의 3차원 공간에서의 위치만 나타나 있는데, 그림 1-2와 같은 시각화가 어떻게 가능한지 의문이 들 것이다. PyMol과 같은 viewer는 원자가일정한 거리 안에 있으면 결합이 존재한다고 가정하여 녹색 선을 만들어준다. 따라서 이 작업을 수행하게 되면 위와 같은 단백질 구조 그림이 나타나게 된다. 또한, 그림 1-2에서 보듯,앞쪽에 있는 원자 및 결합은 선명하게, 뒤쪽에 있는 원자 및 결합은 약간 흐릿하게 표현하여앞쪽과 뒤쪽을 구분하고 있다.

## 2 상동성 모델링을 이용한 단백질 3차원 구조 예측의 일반적인 순서

### 1) template 찾기

Query protein의 경우 우리가 알고 있는 정보는 서열 정보 밖에는 없다. 따라서, pdb protein 중에서 query protein과 유사한(즉, homology가 있는) 단백질을 골라야 한다. Template을 고르는 방법은 결국 homolog을 찾는 방법과 같다. 또한, query는 구조 정보가없으므로, query의 서열과 pdb protein의 서열을 비교하여 homolog를 골라야 한다. 따라서,서열 비교를 통해 homolog를 찾아내는 방법이 template를 찾는 방법에도 똑같이 사용된다.서열 비교를 통해 homolog을 찾는 방법은 크게 아래의 3가지 방법이 있다.

① 두 개 단백질 서열을 global하게 비교하는 방법. 즉, 전체적으로 비교하는 방법을말한다. 대표적인 예로는 미국 NCBI에서 제공하는 BLAST법이 있다.

② 두 개의 아미노산 서열 간의 local similarity를 비교하여 homolog인지 판단하는방법. 대표적인 예로는 Prosite에서 제공하는 motif 분석 및 비교법이 있다.

③ Profile 분석법을 발전시킨 profile-profile alignment 법이 있다. 이것은 pdbprotein에 대해 미리 profile을 만들어 놓았다가, query가 제공되면 query의 profile을 만든후에 pdb protein 각각의 profile과 비교하는 방법이다. 대표적인 예로는 HHpred 법이 있다.

### 2) Query protein 서열과 template protein 서열 간의 서열 정렬

Query의 아미노산 서열과 template의 아미노산 서열 간의 서열 정렬을 수행하는 것은 매우 중요하다. 서열 정렬은 chain building을 위한 정보를 제공하는 역할을 하기 때문이다. 아래 그림 1-3을 보면 3차원 구조을 만들어내는 정보가 서열 정렬 결과로부터 나오는 것을 알 수 있다. 그림 1-3에서 서열 정렬 결과를 살펴보면, Target sequence, 즉 query, 의 첫 잔기인 G는 template structure, 즉 template의 아미노산 서열 중 W와 정렬되어 있다. 이것은 query의 glycine의 공간적인 정보(geometry), 즉 주위 잔기와의 거리, pi angle, psi angle, torsional angle 등은 template의 W와 같다는 것을 의미한다. 또한, query의 두 번째 잔기인 W는 template 서열의 Q와 정렬되어 있다. 이것은 query의 tryptophan의 공간적인 정보

(geometry)는 template의 세 번째 잔기인 glutamine의 공간적인 정보와 같다는 것을 의미한다. 이렇게 서열정렬 결과 안에서 정렬된 모든 잔기 쌍의 공간적인 정보를 모두 만족시키면 (그림 1-3의 2번 그림), 그림 1-3의 3번 그림과 같이 template과 똑같이 생긴 query의 구조를 만들어 낼 수 있다.

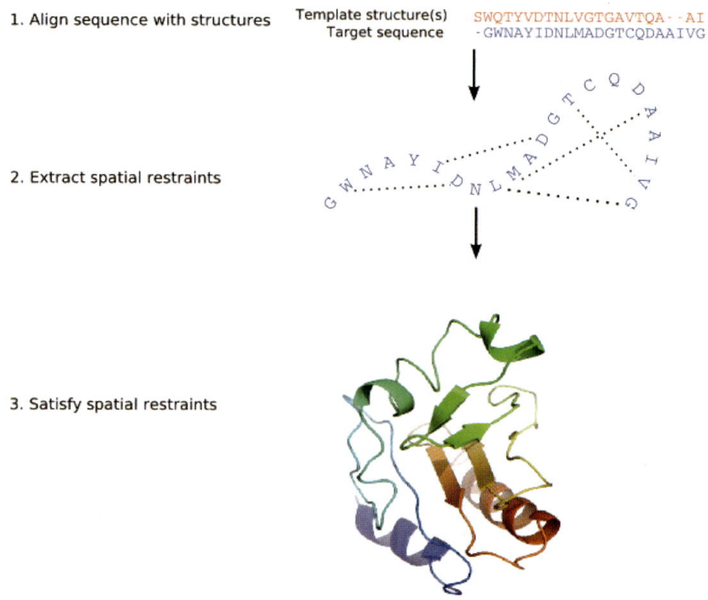


[그림 1-3] Modeller를 이용한 chain building에서 multiple sequence alignment가 사용되는 방법 (출처: https://salilab.org/modeller/manual/node11.html)

따라서, 서열 정렬을 정확하게 하는 것은 단백질 구조를 정확하게 예측하기 위해 매우 중요하다. 이러한 서열 정렬은 손으로 만들어내기는 거의 불가능하고, 컴퓨터 프로그램을 쓸 수 밖에 없는데, 사용자들이 많이 사용하는 프로그램은 아래의 프로그램들이다.

① ClustalO: ClustalW의 개량 프로그램이다. Clustal Omega는 정확성이 높고, 대규모 데이터 세트를 효율적으로 처리하도록 설계되어 다른 서열 정렬 프로그램보다 빠르다. 또한 수십 만 개의 서열을 정렬할 수 있어 방대한 서열을 정렬할 때 유용하다. 그러나, 높은 효율성에도 불구하고 매우 많은 서열을 정렬할 경우 상당한 컴퓨팅 파워와 메모리가 필요할 수 있다.

② MAFFT: MAFFT는 Fast Fourier Transform(FFT) 알고리즘을 사용하여 매우 빠른 정렬을 수행할 수 있다. 따라서, 대량의 서열을 정렬할 때 유리합니다. 수천에서 수백만 개의 서열을 정렬할 수 있기 때문에 대규모 유전체 데이터 분석에 적합할 수 있다. 또한, 높은 정확도의 정렬을 제공한다. 그러나, MAFFT 또한 대량의 서열을 정렬할 때 상당한 컴퓨팅 파워와 메모리가 필요할 수 있다.

③ MUSCLE: 높은 정확도와 빠른 속도의 정렬을 제공하는 서열 정렬 프로그램으로써, 중간 혹은 대규모 서열 세트를 정렬할 때 적합하다. 그러나 매우 큰 데이터 세트나 복잡한 설정을 다룰 때는 다른 도구와의 조합이 필요할 수 있다.

④ SPEM: 더 이상 update되지 않는 프로그램이고 구하기도 거의 불가능하지만, query의 2차구조를 예측한 후 template의 2차구조와 정렬되도록 하여 서열 정렬을 해준다는 점에서 구조 예측을 위한 서열 정렬에 효과적이다. 이러한 알고리즘을 이용하는 서열 정렬법이 있었다는 것을 소개하기 위한 설명이고, SPEM은 이제는 구하기도 어렵고 업그레이드된 요즘 리눅스에서는 설치가 잘 되지 않을 수도 있다.

### 3) Chain building (query protein의 3차원 구조를 만들어 내는 것)

Chain building이라는 것은 query의 3차원 구조를 생성해 내는 것을 말한다. Chain building을 위한 프로그램들은 여러 프로그램들이 시도되었으나, 그 중 가장 처음 만들어진(1993년에 발표된 논문, [2]) Modeller가 가장 잘 되는 프로그램으로써 현재는 Modeller만이 사용되고 있다. 모델러의 사용법은 2장을 참고하면 된다.

### 4) Side-chain prediction

Chain building은 단백질의 3차구조를 만들어주는 것을 의미한다. 이것은 backbone의 구조 뿐만 아니라 잔기의 conformation까지도 만들어주는 것을 의미하는 것이다. Chain building에서 Modeller의 정확성 및 사용 편의성은 제일이지만, Modeller가 만들어주는 잔기의 conformation이 다소 부정확하다는 주장이 있기도 하다. 따라서, Modeller가 만들어준 구조에서 backbone은 놔두고 잔기의 conformation만 따로 한 번 더 예측하기도 하는데, 이것을 위해서는 SCWRL(http://dunbrack.fccc.edu/lab/scwrl)이라는 프로그램을 사용하면 된다.

### 5) 예측된 구조의 검증

Query의 구조를 template과 같도록 만들었더라도 생성된 3차구조에 오류가 있는지를 확인해 보아야 한다. 예를 들면, 실의 매듭과 같은 부분이 있지는 않은지, 원자 간에 충돌이 있지는 않은지, 결합 길이, 결합각(bond angle), torsion angle 등이 자연계에서 보이지 않는 값을 가지고 있지는 않은지 등등을 검사해보아야 한다. 이를 위해서는 Procheck, Molprobity, Verify3D 등의 프로그램을 사용한다.

## 3 참고 문헌

1) Baker and Sali, Science 2001, 294, 93–96.

2) Sali & Blundell, Journal of Molecular Biology 1993, 234, 779–815.

Chapter

# 02

# 라즈베리 파이를 이용한 단백질 구조 예측

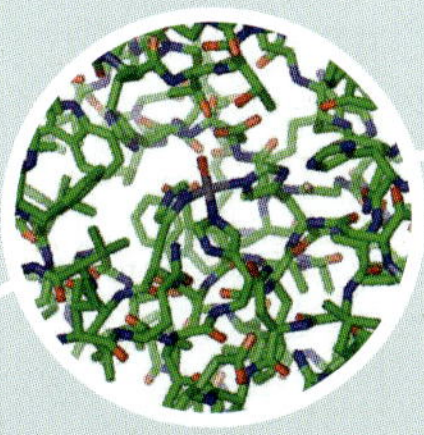

## 1 라즈베리파이이란

라즈베리 파이란 영국의 라즈베리 파이 재단이 학교와 저개발국가 등에서 컴퓨터 교육을 증진시키기 위해 개발한 초소형 싱글 보드 컴퓨터이다. 주로 학교에서 교육 목적으로 사용할 것을 염두에 두고 개발하였기 때문에, 학생들이 프로그래밍을 배우고 하드웨어에 대한 관심을 불러일으킬 수 있도록 제작되었다. 교육적 목적으로 개발되었기 때문에, 저가의 그러나 충분한 컴퓨팅 파워를 제공할 수 있도록 제작되었고, 그를 위해 리눅스를 운영체제(OS)로 사용하도록 하였다. 라즈베리 파이용 리눅스는 라즈베리파이 재단에서 제공하는 Raspberry Pi OS(옛 이름은 Raspbian)이라는 OS를 제공하고 있으나, 우분투 리눅스 등 다양한 리눅스 운영체제가 라즈베리 파이를 지원하고 있다.

## 2 재료 및 기기

(1) 라즈베리 파이 4
(2) USB-C type 전원 케이블 및 전원 어댑터
(3) HDMI-mini HDMI 모니터 케이블
(4) 연결부위가 USB type 단자인 키보드와 마우스
(5) SD 카드
(6) SD 카드를 컴퓨터의 USB 포트에 꽂을 수 있도록 포트 변환 젠더

## 3 라즈베리 파이 조립 및 리눅스 설치 방법

### [실습 1] 라즈베리파이4의 조립

(1) 라즈베리파이는 전자기판처럼 생겼으나, 그 자체로 완제품이므로 사용자의 선택에 의해 (스티커 타입의) 방열판을 추가적으로 붙이는 것 말고는 조립할 것이 없다.

[그림 2-1] 라즈베리파이4의 구조 (출처: https://www.leocom.kr/GID/10343475)

(2) 만약 중앙처리장치(CPU)의 과열이 염려된다면 사용자의 선택에 의해 추가적으로 미니 CPU 팬을 붙이거나 방열판을 붙일 수 있다.

[그림 2-2] 라즈베리파이용 CPU 팬과 각종 방열판 (출처: https://www.11st.co.kr/products/3306511189)

[그림 2-3] 라즈베리파이에 CPU 팬과 방열판을 설치한 예 (출처: https://www.11st.co.kr/products/3306511189)

(3) 또한, 사용자의 선택에 의해 케이스를 추가적으로 구매하여 라스베리파이를 케이스 안에 삽입할 수 있으나, 이것이 라즈베리파이의 성능에 영향을 끼치지는 않는다.

[그림 2-4] 라즈베리파이를 케이스에 삽입한 예 (출처: https://www.eleparts.co.kr/goods/view?no=8314773)

### [실습 2] SD 카드 포맷팅

(1) 준비한 SD 카드에 리눅스를 설치하기 위해서는 우선 포매팅(formatting)을 수행하여야 한다. 만약 준비한 SD 카드에 데이터(즉, 파일들)이 있다면 미리 다른 곳에 복사해 놓아야 한다. 그 이후, 윈도우 컴퓨터에 SD카드를 USB 포트에 끼울 수 있도록 변환해주는 젠더를 사용하여 아래 그림과 같이 끼운다.

[그림 2-5] SD카드를 USB 포트에 끼울 수 있도록 도와주는 젠더에 결합하여 컴퓨터의 USB 포트에 연결한 모습

(2) 윈도우 컴퓨터에서 HP USB Disk formatter가 다운로드 되어 있는 폴더를 열어서 HP USB Disk formatter 실행파일(HPUSBDisk.exe)에 마우스 우측 버튼 클릭하고, 나타나는 메뉴 중 '관리자 권한으로 실행'을 클릭한다. 이후, '프로그램이 이 컴퓨터를 변경할 수 있도록 허락하시겠습니까?' 라는 안내문이 나오면 '예'를 클릭한다.

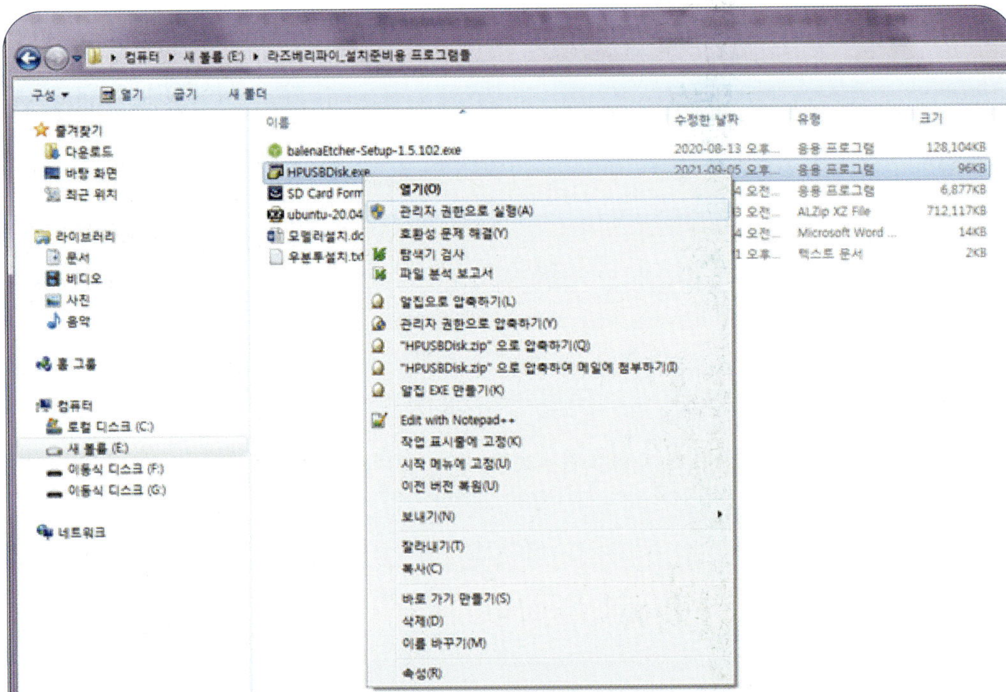


[그림 2-6] HP USB Disk formatter를 다운로드 받고 실행하기 위해 해당 파일에 마우스 오른쪽 버튼을 클릭한 모습.

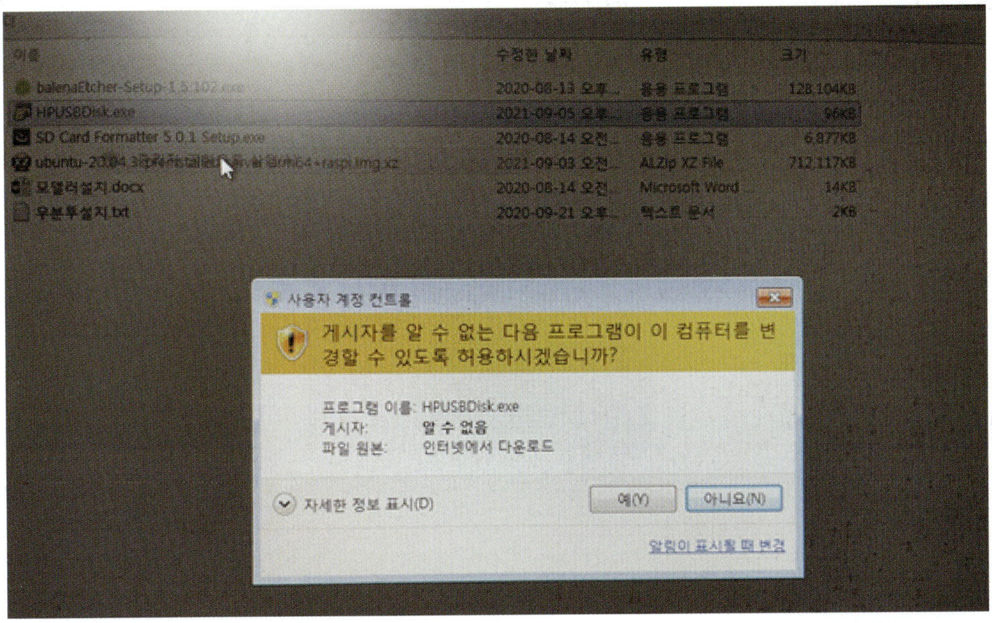


[그림 2-7] HP USB Disk formatter를 관리자 권한으로 실행을 선택한 뒤 나오는 '게시자를 알 수 없는 다음 프로그램이 이 컴퓨터를 변경할 수 있도록 허용하시겠습니까'라는 안내창이 나오는 모습. 이 안내창이 나오면 '예'를 선택하면 된다.

(3) HP USB Disk formatter가 실행되면, 디바이스(즉, 컴퓨터에 설치되어 있는 각종 저장장치. 주 저장장치인 하드디스크 드라이브 혹은 SSD, USB 등 모든 저장장치)를 골라야 한다. 아래 그림의 1번 선택창을 클릭하면 된다. 이 때, 내가 꽂은 SD 카드를 고르도록 잘 선택하여, SD 카드 말고 다른 저장장치가 초기화되지 않도록 조심하여야 한다. 아래 그림 1번과 같이 저장장치를 골랐으면, 2번의 'start'를 클릭하여 SD카드를 포매팅한다.

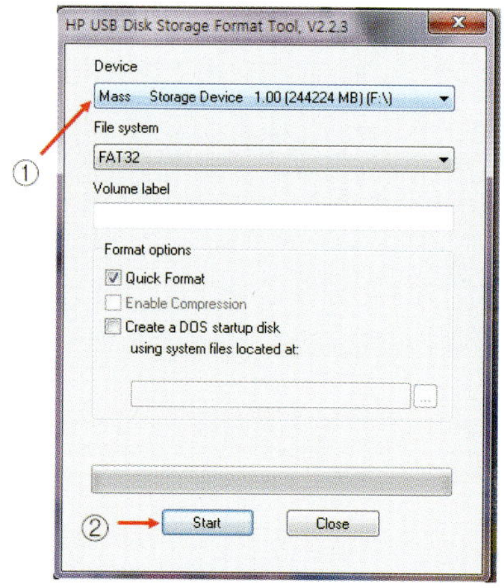


[그림 2-8] HP USD Disk fomatter를 실행하는 방법

(4) 그림 8에서 'start'를 누르면 아래와 같이 저장장치 내의 모든 데이터가 지워진다는 경고가 뜨는데, 리눅스를 설치하기 위해서는 SD 카드를 포매팅해야 하므로 '예'를 누른다. 그러면, 아래 그림과 같이 포맷이 진행되고 포맷 결과가 나타난다.

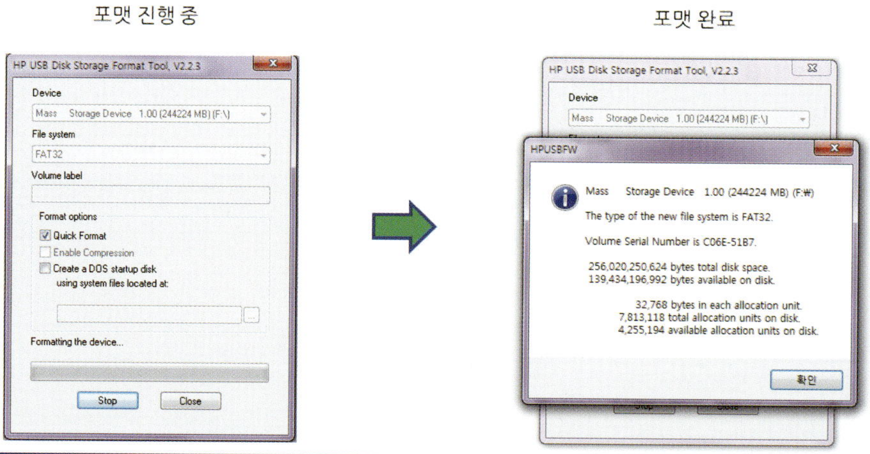


[그림 2-9] SD 카드 포매팅이 진행 상황을 알려주는 창 및 포매팅이 끝난 후 알려주는 창.

## [실습 3] 포매팅 된 SD 카드에 우분투 리눅스 설치하기

(1) SD카드를 포매팅한 윈도우 컴퓨터에서, 우분투 리눅스 홈페이지(https://ubuntu.com/download/raspberry-pi)에 접속하여 라즈베리 파이 용 우분투 Desktop 이미지 파일을 다운로드 받는다. 아래 그림과 같은 화면에서 화살표로 표시된 'Download 64-bit' 버튼을 클릭하면 다운로드 받을 수 있다.

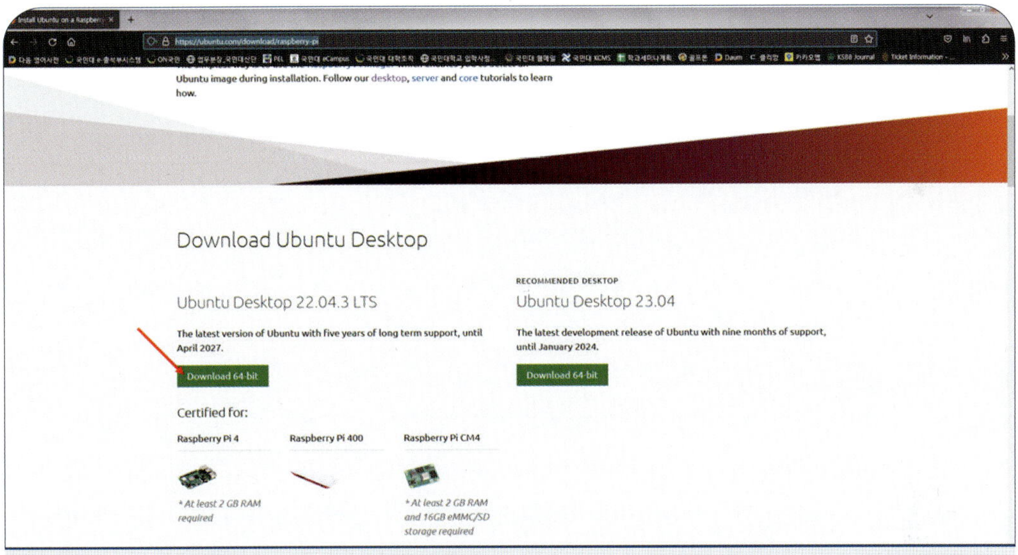


[그림 2-10] 라즈베리 파이 용 우분투 리눅스 OS를 다운로드 받을 수 있는 우분투 홈페이지에 접속한 모습.

(2) (1)에서 'Download 64-bit' 버튼을 클릭한 후 조금 기다리면 아래의 그림과 같은 다운로드 창이 뜨는데, 이 때 원하는 파일 저장 위치를 선택하고 '저장'을 누르면 다운로드가 시작된다. 이 때 주의할 점은 '저장'을 누르고 나서 웹브라우저의 창을 끄면 다운로드도 중지되니 웹브라우저 창을 끄지 않도록 해야 한다.

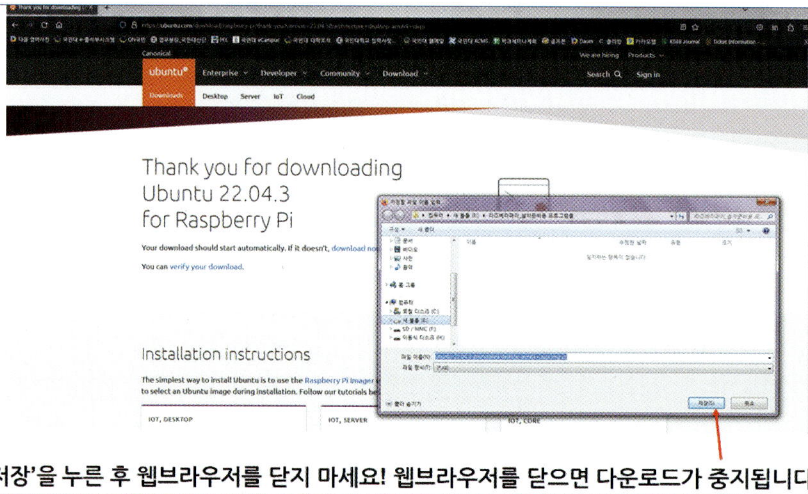


[그림 2-11] 다운로드를 위해 저장할 폴더를 선택하고 '저장'을 누르는 예.

(3) balenaEtcher와 같이 이미지 파일을 저장장치에 압축해제 해주는 프로그램을 다운로드 받고 컴퓨터에 설치한다.

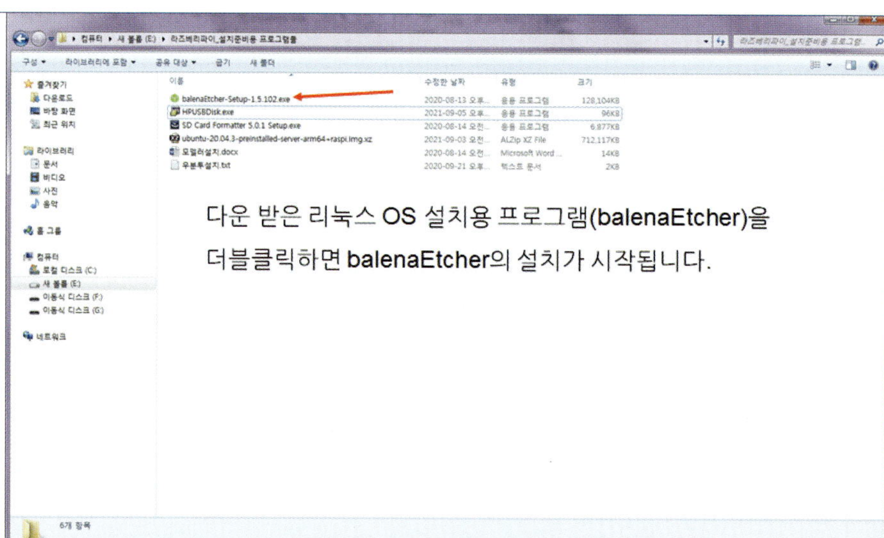


[그림 2-12] balenaEtcher를 다운로드 받고 더블클릭하여 컴퓨터에 설치하는 예.

(4) 프로그램 설치가 끝나면 아래의 예와 같이 아이콘이 생성되거나, 프로그램 메뉴가 생성되니 그것으로부터 프로그램을 실행시킨다.

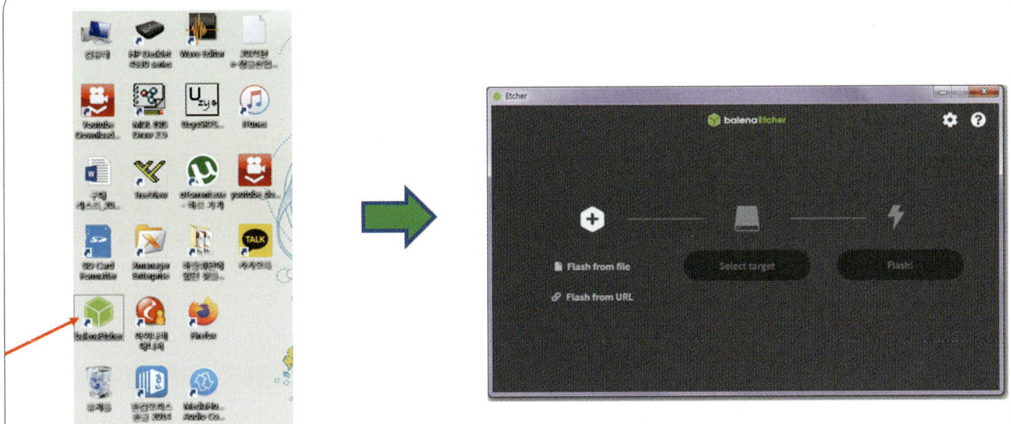


[그림 2-13] balenaEtcher를 실행시킨 예.

(5) 'Flash from file' 메뉴를 클릭하여 SD 카드에 설치할 리눅스 OS의 이미지 파일을 선택한다.

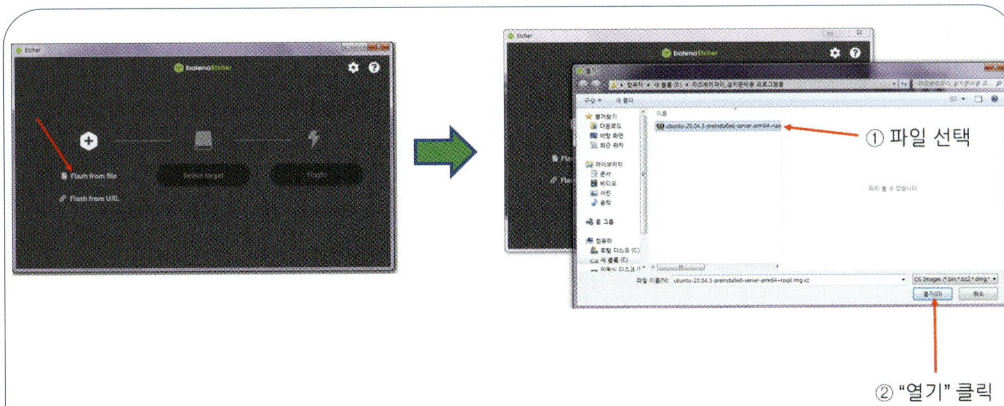


[그림 2-14] balenaEtcher 프로그램에서 'Flash from file'을 선택하여 SD카드에 설치할 리눅스 OS의 이미지 파일을 선택하는 예.

(6) 'Select target' 메뉴를 클릭하여 리눅스를 설치할 SD 카드를 선택한다.

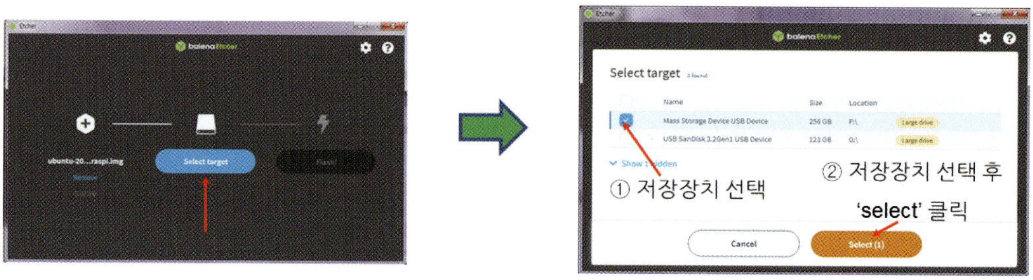


[그림 2-15] balenaEtcher 프로그램에서 리눅스 OS를 설치할 저장장치를 선택하는 예.

(7) 위의 5번 단계와 6번 단계에서, 설치할 리눅스 OS 이미지 파일과 리눅스를 설치할 저장장치를 고르고 나면 'Flash' 버튼을 클릭하여 SD 카드에 리눅스 설치를 시작한다.

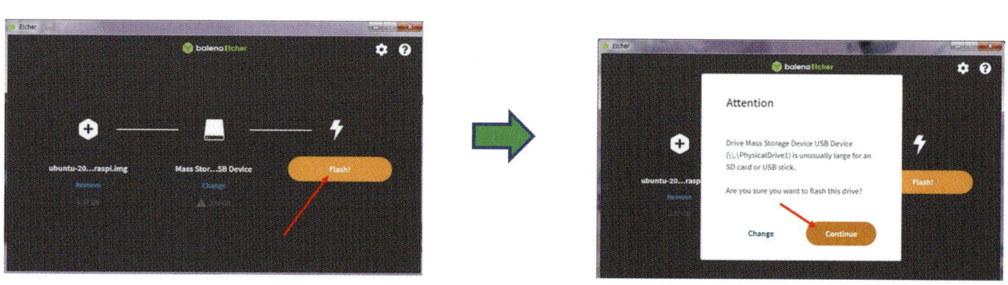


[그림 2-16] 'Flash' 버튼을 클릭하여 리눅스 설치를 시작하는 예. 이후에 나오는 알림창에서는 'continue'를 클릭하면 된다.

(8) 7번 단계를 수행하면 Decompressing 및 Validating 진행상황을 알려준 후 최종적으로 아래와 같은 안내가 나타난다.

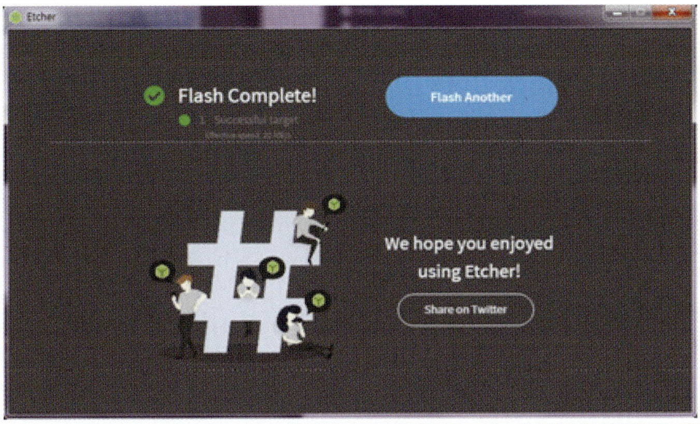


[그림 2-17] balenaEtcher에서 SD 카드에 리눅스 설치가 완료되었음을 알려주는 예.

**[실습 4] 우분투 리눅스가 설치된 SD 카드를 라즈베리 파이에 결합하고, 라즈베리 파이에 모니터, 키보드, 마우스를 연결하기**

(1) SD카드를 케이스에 결합된 라즈베리 파이에 결합한다.

[그림 2-18] SD 카드를 라즈베리 파이에 결합한 예.

(2) 연결단자가 USB 타입으로 되어 있는 키보드와 마우스를 준비하고 이를 아래의 그림과 같이 라즈베리 파이에 연결한다. 키보드와 마우스는 USB2 포트에 연결해도 되고 USB3 포트(아래그림에서 파란색 혀가 있는 포트)에 연결해도 된다.

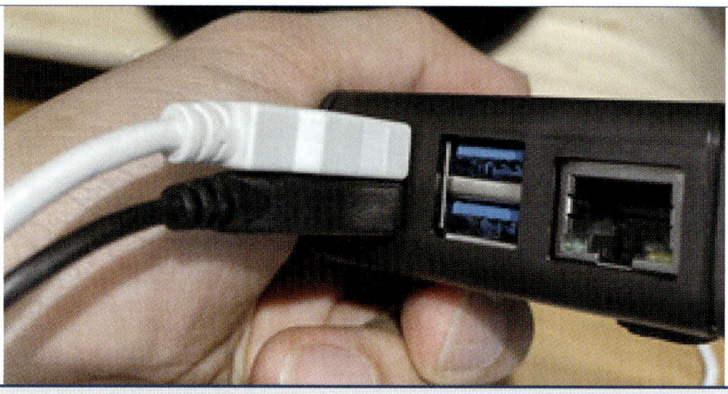

[그림 2-19] 키보드와 마우스를 라즈베리 파이에 연결한 예

(3) HDMI-mini HDMI 케이블을 준비하고 이를 각각 모니터의 HDMI 단자와 라즈베리 파이의 mini HDMI 단자에 연결한다.

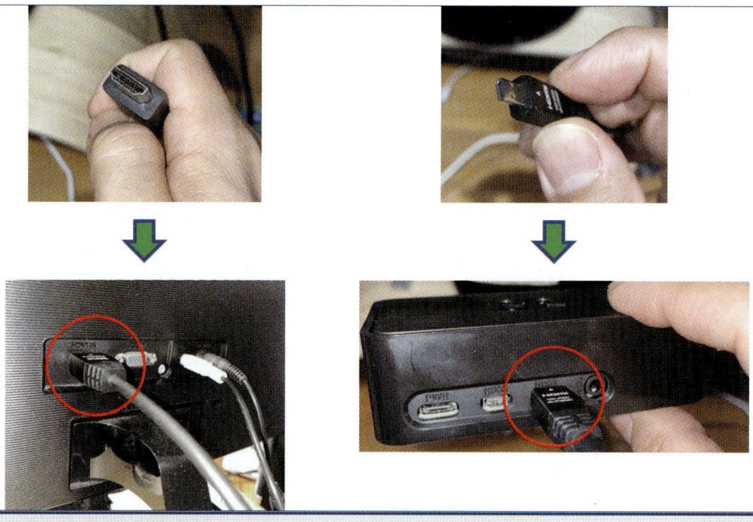

[그림 2-20] 모니터 연결 케이블을 모니터의 HDMI 단자와 라즈베리 파이의 mini HDMI 단자에 연결한 모습.

(4) USB-A type의 끝부분은 전원어댑터에 연결하고(그림 21 (가)), USB C-type 끝부분은 라즈베리파이에 연결한다(그림 21 (나)).

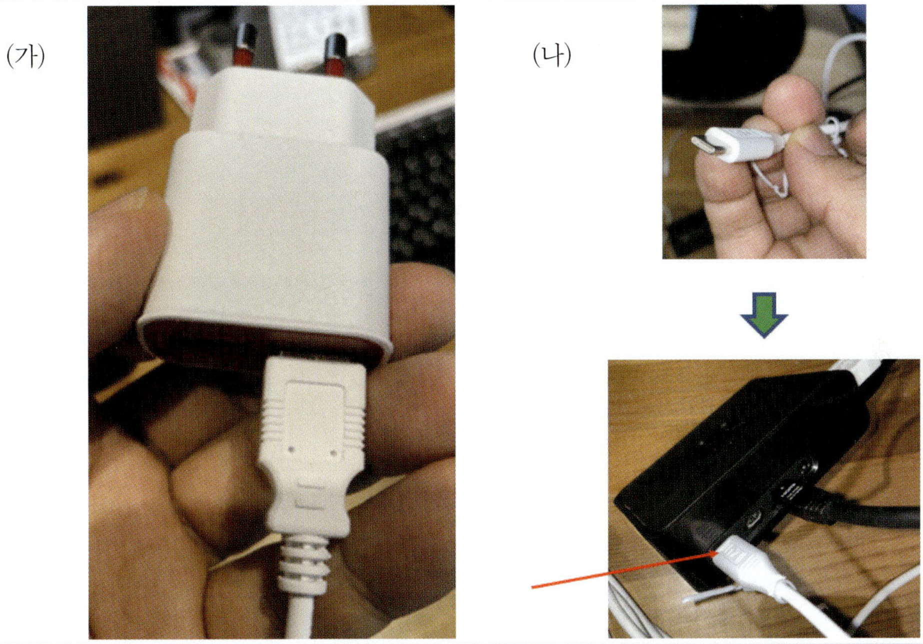

[그림 2-21] 전용공급용 USB 타입 케이블을 전원어댑터에 연결한 모습(가)과 라즈베리파이에 연결한 모습(나).

(5) 라즈베리파이에 전원케이블을 연결하면 전원버튼을 누르는 등의 행위 없이 (실제로 라즈베리파이는 전원버튼이 없다) 전원케이블을 연결하자마자 전원이 켜지면서 리눅스 OS가 부팅이 된다.

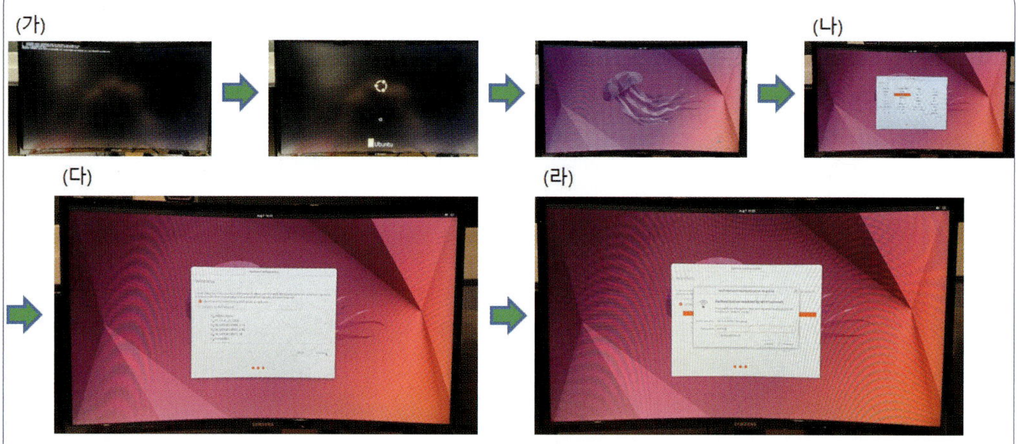

[그림 2-22] 라즈베리파이에 전원케이블을 연결한 다음 우분투 리눅스가 부팅되는 모습. (가) 부팅 첫 단계에서 바로 GUI가 뜨는 것이 아니라 몇몇 안내문 등이 보인다. (나) 이 단계에서는 언어를 "English"로 선택해준다. (다) 라즈베리파이가 사용가능한 와이파이 네트워크를 보여준다. 여기서 사용자가 사용할 와이파이 네트워크를 선택하고 "continue"를 클릭한다. (라) 선택한 와이파이 네트워크의 비밀번호를 입력하고 "connect"를 클릭한다.

(6) 라즈베리파이에 전원케이블을 연결하면 전원버튼을 누르는 등의 행위 없이 (실제로 라즈베리파이는 전원버튼이 없다) 전원케이블을 연결하자마자 전원이 켜지면서 리눅스 OS가 부팅이 된다.

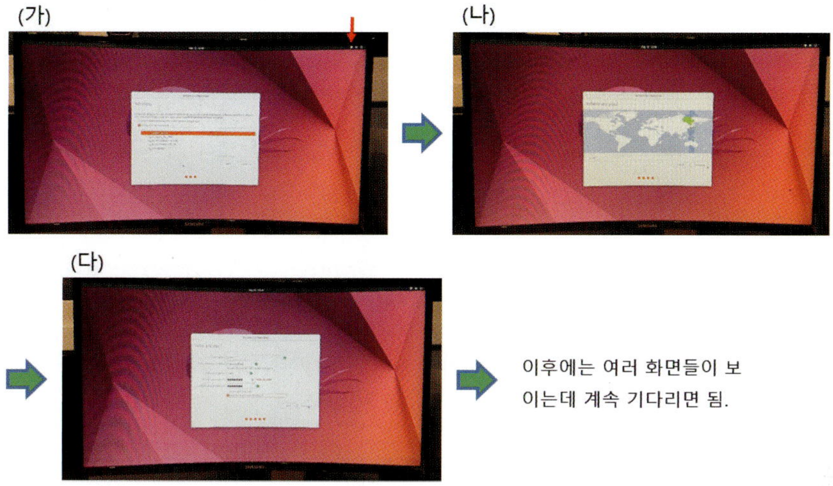


[그림 2-23] 와이파이 네트워크 선택 및 비밀번호 입력 후 단계에서 뜨는 화면들. (가) 와이파이가 연결되면 오른쪽 상단에 부채꼴 표시 (화살표 부분)가 뜬다. (나) 지역은 서울로 자동으로 선택될테니 "continue"를 클릭한다. (다) 이 부분은 새로 만들 계정의 로그인 아이디와 비밀번호를 정하는 단계이다. "Your name" 부분에 정하고 싶은 아이디를 입력하고, "Password" 부분에는 원하는 비밀번호를 입력한다. "Confirm your password" 부분에 위에서 입력한 비밀번호를 한 번 더 입력한다.. 그 후 "continue"를 클릭한다.

(7) 비밀번호 설정 후에는 아래의 그림에 따라 세부적인 사항들을 세팅하면 된다. 그러나, 아래의 설정사항들은 사용자의 편의와 관련된 사항들이며 컴퓨터의 성능이나 추후에 수행할 단백질 구조 예측에 영향을 미치지 않는다. 비밀번호를 설정한 후 몇 단계가 지나면 아래 그림의 첫번째 화면이 나타나는데 조금 기다리면 로그인 화면(아래 그림의 두번째 화면)이 나타난다. 계정 이름을 클릭하면 비밀번호를 넣으라고 나오고, 설정한 비밀번호를 입력하면 그 다음 단계들로 진행된다. 아래 그림의 세번째 화면에서는 개인의 온라인 계정 (예, 구글 계정 등)과 연결시킬 수 있다는 화면이므로 화살표가 가리키고 있는 "Skip"을 클릭하여 넘어간다. 아래 그림의 네번째 화면에서는 우분투프로를 설정할 것인지를 묻는 화면인데, default 선택인 "Skip for now"를 선택한 채로 "Next"를 클릭한다. 이후에는 위치서비스를 활성화 시킬 것인지 묻는 화면(그림 25의 첫번째 화면)이 나오는데, 기본값으로 비활성화가 선택되어 있으니 화살표가 가리키는 "Next"를 선택한다. 그림 25의 두번째 화면이 나오면 마지막 단계인데, "Done"을 클릭하면 세부사항 설

정이 끝나면서 그림 25의 마지막 화면과 같은 화면이 나온다.

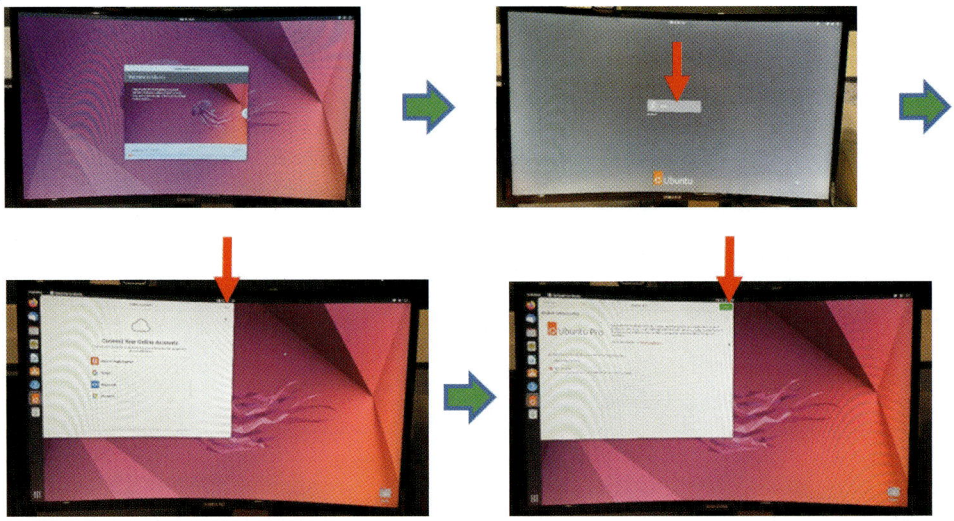

[그림 2-24] 비밀번호 설정 후의 리눅스 세부사항 설정 단계.

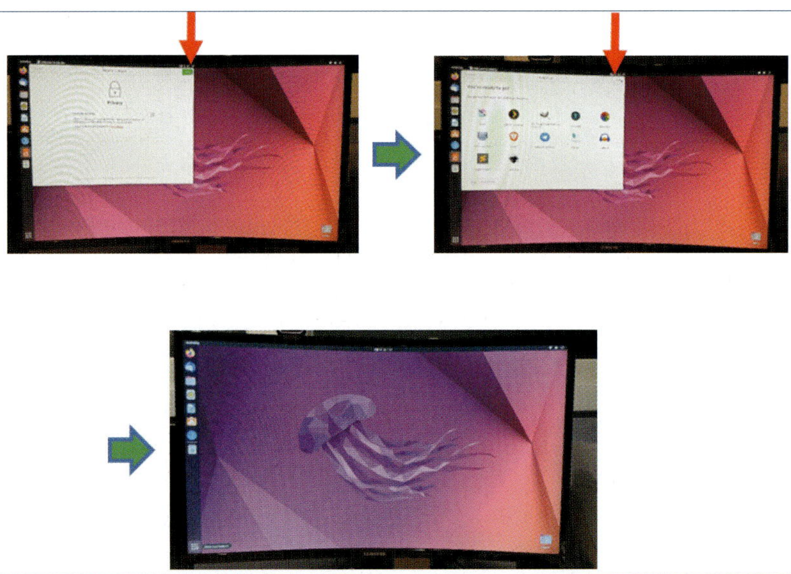

[그림 2-25] 위치 서비스 등의 설정 단계.

## [실습 5] 터미널 프로그램의 실행아이콘을 즐겨찾기에 추가하기

(1) 리눅스에서 여러 가지 생물정보학 프로그램을 실행할 때는 주로 명령어 기반으로 실행하게 된다. 이는, 생물정보학 프로그램이 주로 연구자들에 의해 개발되는데, 우리가 주로 사용하는 프로그램 환경, 즉 GUI (graphic user interface)를 추가로 개발하기가 어렵기 때문에 명령어 기반으로 실행되도록 개발되는 경향이 많다. 따라서, 이러한 명령어 기반으로 리눅스에서 프로그램을 실행하려면 '터미널(terminal)' 이라는 프로그램을 사용하게 된다. 이는 윈도우에서 'cmd'를 실행하는 것과 같은 것이다. 따라서, 터미널 프로그램의 실행 아이콘을 작업표시줄에 바로가기로 추가해 놓는 것이 편리하다.

(2) 실습 1-4에서 수행한 설정이 모두 끝나면 바탕화면이 아래의 그림과 같이 보이게 된다. 이 바탕화면에는 프로그램 아이콘이 모여 있는 작업표시줄이 있는데 윈도우에는 보통 아래부분에 있지만 우분투의 첫 화면에는 왼쪽에 있다 (물론, 사용자 정의에 의해 추후에 다른 위치나 다른 모양으로 바꿀 수 있음). 이 작업표시줄의 제일 밑부분(즉, 화면의 왼쪽 하단 구석 부분)을 보면 점 9개로 된 아이콘이 있는데, 이 아이콘은 모든 프로그램(다른 말로는, 어플리케이션(앱))을 화면에 표시해주는 아이콘이다.

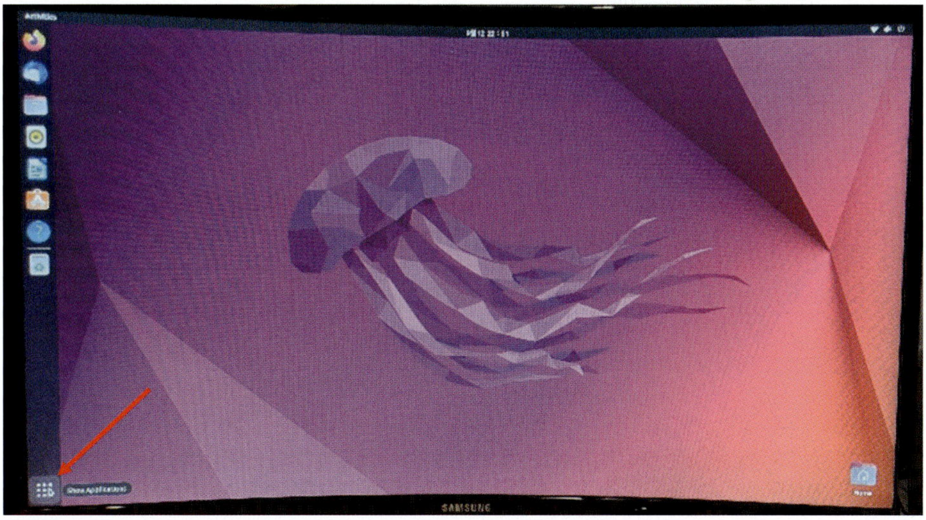


[그림 2-26] 모든 프로그램의 목록을 볼 수 있는 아이콘의 화면 상의 위치.

(3) 그림 26과 같이 모든 프로그램의 목록을 볼 수 있는 아이콘을 클릭하면 아래의 그림과 같이 프로그램의 목록이 뜬다. 그 중 ①처럼 생긴 것이 터미널 아이콘이다. 이를 찾아서 마우스 우클릭을 하면 ②의 메뉴가 뜨는데, 여기서 "Add to favorites"를 클릭하면 그림 28과 같이 작업표시줄에 터미널 아이콘이 추가가 된다.

[그림 2-27] 모든 프로그램이의 목록이 표시된 화면과 그 중 ①로 표시된 터미널 프로그램의 아이콘. 터미널 프로그램의 아이콘에 대해 마우스 우클릭하면 ②와 같이 메뉴가 나온다.

(4) (3)을 수행하면 아래 그림 2-28과 같이 작업표시줄에 터미널 프로그램의 실행아이콘이 추가된 것을 볼 수 있다. 이후에는 터미널 프로그램을 실행하려면 작업표시줄에 있는 터미널 프로그램의 실행아이콘을 클릭하면 된다.

[그림 2-28] 터미널 프로그램의 실행아이콘이 작업표시줄에 추가된 모습.

### [실습 6] 블루투스 기기 (예, 키보드, 마우스 등)의 연결

(1) 현재까지는 위에 설명된 실습을 유선키보드와 유선마우스가 연결된 상태로 진행하였다. 그러나, 최근들어 블루투스로 통신하는 무선키보드와 무선마우스가 많이 사용되고 있으므로 이러한 기기들을 어떻게 블루투스 페어링(pairing)을 통해 라즈베리파이에 연결하는지 알아본다. 우선 화면 우측 상단에 있는 와이파이 아이콘(부채꼴 모양으로 된 일반적으로 휴대전화에서 와이파이 연결을 표시해주는 아이콘과 같이 생겼음)부분에 마우스를 가져가면 세 가지 아이콘(와이파이 아이콘, 볼륨 아이콘, 전원 아이콘)이 통째로 회색으로 변하는데, 그것을 클릭한다. 그러면, 메뉴가 나오는데, 그 중 "Bluetooth on"을 클릭한다. "Bluetooth on"을 클릭하면 아래 그림 29와 같이 "Turn off"와 "Bluetooth settings"의 두 가지 하위 메뉴가 나오는데, 이 중 "Bluetooth settings"를 클릭한다.

[그림 2-29] "Bluetooth on"을 클릭하면 두 가지 하위 메뉴가 나오는데 이들 중 "Bluetooth settings"를 클릭하면 기기 페어링으로 들어갈 수 있게 된다.

(2) "Bluetooth settings"를 클릭하면 블루투스 창이 켜지면서 주위의 기기를 검색한다.

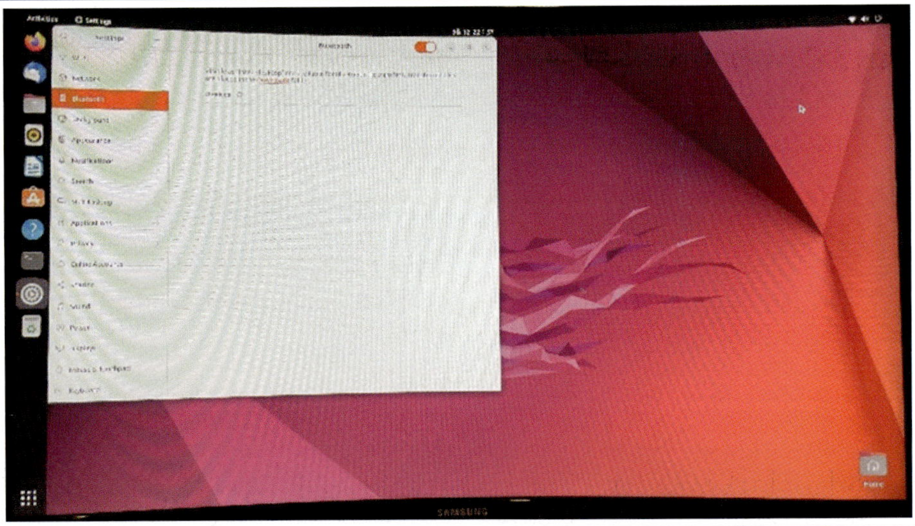

[그림 2-30] 블루투스 창이 켜지면서 라즈베리파이가 주위의 블루투스 기기를 검색하는 모습.

(3) 본인의 기기가 검색되면 기기명을 클릭한다.

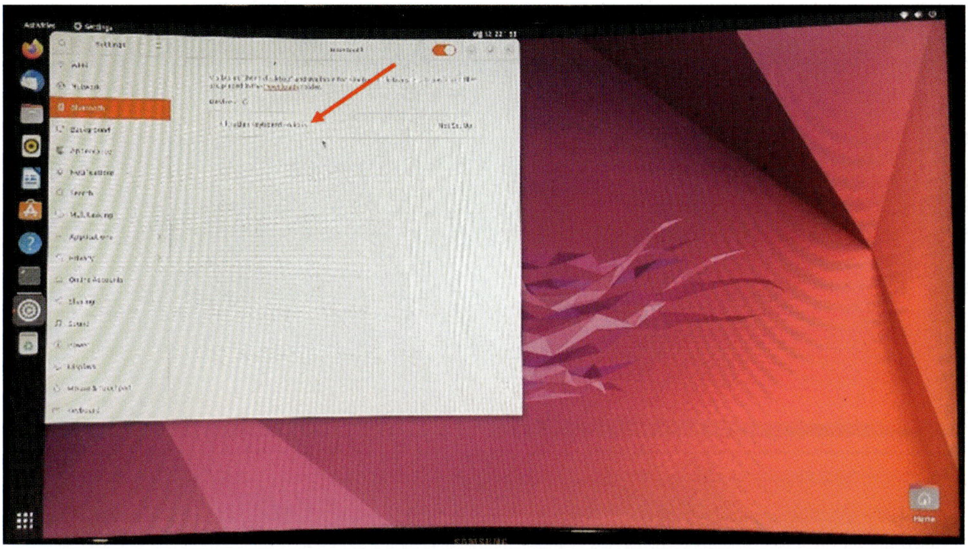

[그림 2-31] 라즈베리파이가 주위의 블루투스 기기를 검색하여 기기명을 나열하는 화면.

(4) 페어링하려는 기기가 블루투스 키보드인 경우 6자리 숫자를 입력하라고 하는데, 제시된 숫자를 키보드에서 입력하면 위와 같이 점으로 표시되며, 숫자를 올바르게 입력하고 엔터키를 누르면 자동으로 페어링된다.

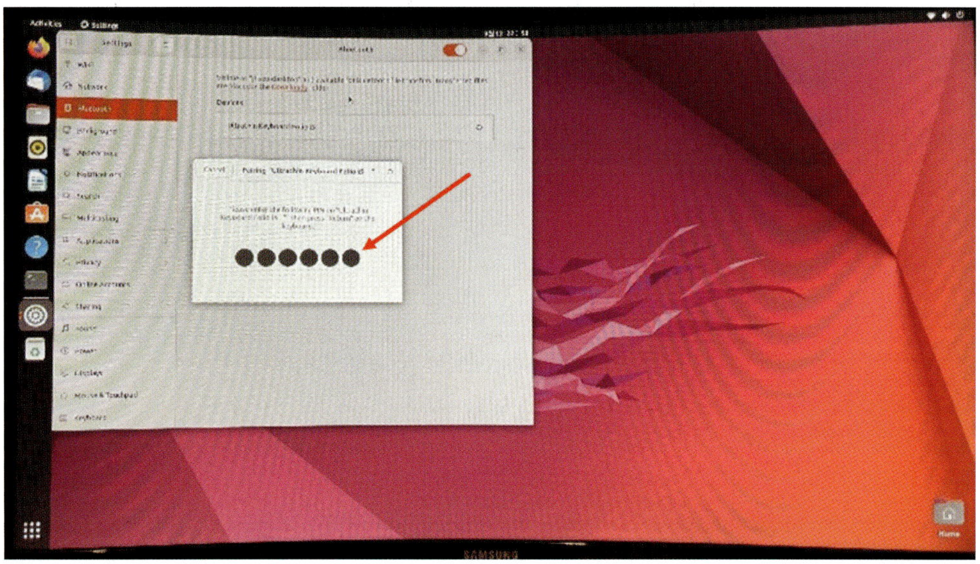

[그림 2-32] 블루투스 키보드를 페어링하고자 할 때, 검색된 기기를 클릭한 후 제시된 숫자를 키보드에서 입력한 모습.

### [실습 7] 라즈베리파이의 시간을 한국 시간으로 맞추기

(1) 시간맞추기는 화면 왼쪽 제일 밑에 있는 점 9개로 된 아이콘 클릭 후, "Settings -> Date & Time -> 그림에서 한반도 클릭"을 수행하면 한국시간으로 세팅할 수 있다.

### [실습 8] 한글 설치

(1) Settings -> Region & Language -> Input sources에 있는 "+" 클릭 -> 세로로 점 세 개 있는 아이콘 클릭 -> Other 클릭 후 조금 기다림 -> Korean 선택 -> 초록색으로 되어 있는 "Add" 클릭 -> Manage installed language -> Install / Remove language -> "Korean"에 체크하고 "Apply" 클릭 -> 비밀번호 입력하라고 나오면 비밀번호 입력 -> "Applying changes"라고 나오면서 언어팩을 다운로드 받아서 설치함 (오래 걸림)

(2) Settings -> Region & Language -> Language 클릭 후 "한국어" 선택하고 "Select"

클릭 -〉 "Restart…" 클릭

(3) 재부팅 후 "현재 언어로 표준 폴더의 이름을 업데이트 하시겠습니까?" 가 나오면 "예전 이름 유지" 클릭 (폴더 이름이 한글로 바뀌어 버리면 추후에 터미널에서 한글 입력했다가 영어 입력했다가 이렇게 바꿔가면서 타이핑을 해야 해서 매우 불편)

(4) 지역 및 언어 -〉 " + " -〉 "한국어 (Hangul)" 추가

(5) "한국어 (Hangul)" 옆에 설정(톱니모양 아이콘) 클릭 -〉 한영전환키에서, "shift+space" 클릭 후 제거 클릭

### [실습 9] 라즈베리파이 끄기

(1) 아래 그림 33의 첫 화면처럼, 오른쪽 제일 위쪽에 있는 전원모양의 아이콘을 클릭하면 나오는 메뉴 중에 "Power Off/Log Out"을 클릭한다. "Power Off/Log Out"을 클릭하면 나오는 메뉴 중에 "Power Off"를 클릭한다. 그러면 아래 그림 33의 마지막 그림처럼 한 번 더 묻게 되는데, 여기서 다시 한 번 "Power Off"를 클릭하면 라즈베리파이가 종료된다. (참고) 라즈베리파이는 전원 선을 꽂으면 바로 켜진다 (즉, 부팅된다). 끌 때도, "컴퓨터 끄기" 메뉴를 클릭하여 컴퓨터를 끄거나 터미널에서 "shutdown -h now" 와 같은 명령어로 컴퓨터를 끄더라도, 컴퓨터는 꺼지지만 팬은 여전히 돌고 있다. 그래서, 전원 선을 분리해야 팬이 정지된다.

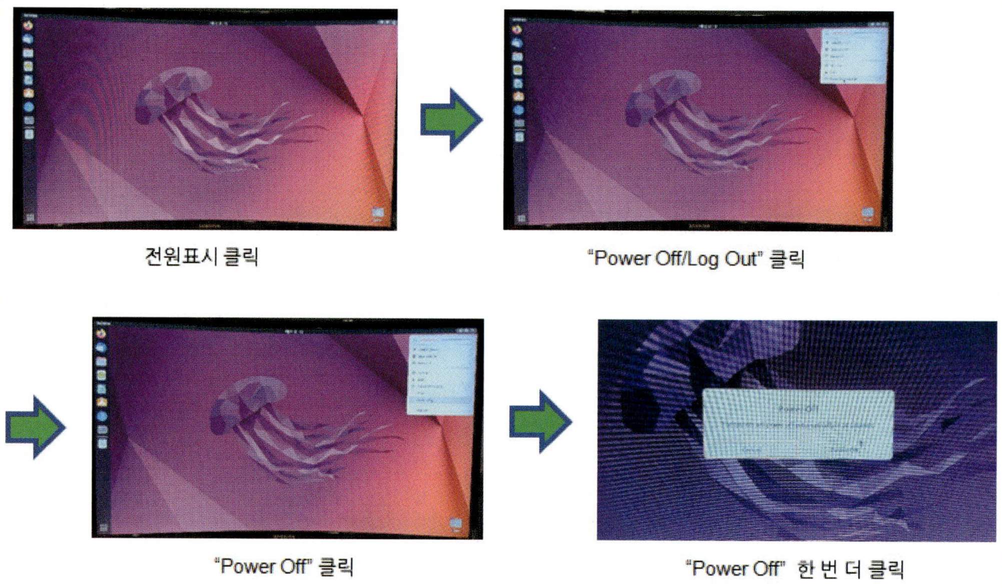


[그림 2-33] 라즈베리파이를 끄는 순서.

## 4 모델러 설치 및 단백질 구조 예측

기존에 많이 사용되던 Swiss-Model, i-TASSER 뿐만 아니라 AlphaFold와 같은 최근에 개발된 단백질 구조 예측 방법들도 홈페이지에 접속하여 구조를 예측하고 싶은 단백질의 아미노산 서열만 입력하면 전자동으로 구조를 예측한 후, 사용자가 바로 다운로드 받거나 이메일로 구조를 받을 수 있는 서비스를 제공하고 있다. 그러나, 본 과정에서는 homology modeling의 기본 원리를 익히고자 하므로, homology modeling을 수행하는 각 단계를 직접 하나하나 수행하도록 한다.

## [실습 10] Modeller 다운로드 받기와 설치 실습

(1) http://salilab.org/modeller/download_installation.html 에 방문하여, "Linux (64-bit ARM Debian/Ubuntu package)"를 클릭한다. 클릭하게 되면 프로그램 패키지가 다운로드되고, 다운로드 받은 파일은 '/home/pi/Downloads' 폴더에 저장된다. 여기서 폴더의 경로를 나타내고 있는 '/home/pi/Downloads'라는 표현은 가장 상위 폴더인 'home' 폴더 아래의 'pi'라는 폴더 안에 있는 'Downloads'라는 폴더라는 뜻이다. 윈도우에서는 가장 상위 폴더(혹은 디스크라고 인식해도 됨)가 'C 드라이브', 'D 드라이브' 이런 식이지만, 리눅스에서는 드라이브 별(즉, C 드라이브, D 드라이브 등)로 구분하여 각 드라이브가 최상위 폴더가 되는 방식(즉, 물리적 드라이브 별로 저장 체계를 구분)으로 하지 않고, 'home' 폴더(각 사용자 계정에 할당된 폴더들이 모여있는 폴더), 'usr' 폴더(주로 프로그램들이 모여있는 폴더) 등 파일의 역할(즉, OS를 구동하는데 필요한 파일을 따로 모아 놓는 폴더, 사용자 프로그램을 따로 모아 놓는 폴더, 사용자 데이터를 따로 모아 놓는 폴더 등)에 따라 폴더 체계를 구축한다.

(2) [실습 5]에서 다루었던 터미널 프로그램을 실행하고, 'cd /home/pi/Downloads' 라고 타이핑한 다음 엔터를 누른다. 그러면 '/home/pi/Downloads'로 이동하게 된다. 'home/pi/Downloads'로 이동한다는 뜻은, 'home/pi/Downloads' 폴더를 현재 폴더로 하여 파일의 경로를 따로 적어주지 않고 파일명만 가지고 파일을 실행, 삭제, 복사 등등 업무를 실행하도록 한다는 뜻이다. 예를 들어, 'home/pi/Downloads' 폴더에 있는 비디오 클립 파일인 1.mp4를 'home/pi/Video' 폴더로 복사하고 싶고 내가 현재 'home/pi/Downloads'에 위치해 있다면 다음과 같은 명령어를 실행하면 된다. 'cp 1.mp4 /home/pi/Video'. 이 명령의 뜻은 1) 'cp' → 복사를 수행하는 리눅스 명령어이다; 2) 1.mp4 → 내가 현재 'home/pi/Downloads'에 있으므로 현재 폴더 안에 있는 1.mp4는 파일명만 적어주어도 컴퓨터가 '현재 폴더 안에 있는 1.mp4 파일을 말하는 거구나' 하고 알아듣는다; 3) 'home/pi/Video' → 1.mp4 파일을 복사할 폴더를 명시해준다. 'home' 폴더 안에 있는 'pi' 폴더 안에 있는 폴더 중에서 'Video' 폴더에 복사하라는 뜻이다.

(3) '/home/pi/Downloads' 폴더로 이동한 후, 다음 명령어를 타이핑하고 엔터를 누르면 모델러의 설치(installation)가 시작된다. 'sudo env KEY_MODELLER=XXXX dpkg

-i modeller_10.5-1_i386.deb'. 여기서 XXXX는 모델러 설치를 위한 key(일종의 비밀번호라고 생각하면 됨)인데, 이것은 모델러 프로그램 개발 및 운영을 담당하는 담당자에게 문의하여 받아야 한다. 이것은 강의 시에 담당 교수가 모델러 운영진으로부터 부여받아 배포한다.

(4) (3)까지 수행하면 모델러 설치가 끝난다.

## [실습 11] 단백질 구조 예측의 일반적인 단계

단백질 구조 예측은 일반적으로 아래와 같은 순서로 진행된다.

(1) 구조가 밝혀져 있는 단백질(앞으로 PDB 단백질이라고 칭함. PDB(Protein data bank) 데이터베이스에 수록되어 있는 단백질이라는 뜻에서 PDB 단백질이라고 많이 통용됨) 중에서 구조를 예측하고자 하는 서열(앞으로 query라고 칭함)과 같은 fold를 가질 것으로 예측되는 단백질(앞으로 template이라 칭함)을 찾는다. 관련 분야 연구자들의 대략적인 중론은 template을 많이 쓰면 구조 예측이 좀 더 정확해지고 template의 개수는 5개 정도까지 쓸 수 있다는 것이다.

(2) Template가 정해지면, query 서열과 template들의 서열을 준비한다. 일반적으로 FASTA format으로 준비하면 된다. 이 때, template들의 서열은 Modeller 프로그램을 사용하여 준비한다. 그 이유는, PDB로부터 template들의 서열을 다운로드 받거나 하게 되면, 다운로드 받은 서열과 실제 구조로부터 만들어낸 서열 사이에 아미노산 한 두 개 정도의 차이가 발생하게되어 Modeller 프로그램을 돌릴 때 에러가 날 수도 있기 때문이다.

(3) Query와 template들의 서열 간에 multiple sequence alignment를 ClustalO와 같은 alignment 프로그램을 이용하여 수행한다. Alignment 결과는 Modeller에서 사용하는 PIR format으로 변형한다. 이 때, PIR format에 들어가는 정보는 Modeller user manual을 참고하여 적어준다.

(4) Query와 template들의 서열들간의 alignment 정보를 가지고 있는 PIR format의 파일과 template들의 구조 파일을 준비한 후, Modeller 구동파일(.py 파일)을 준비한다.

(5) (4)번의 파일을 하나의 폴더에 넣고, 터미널 프로그램을 실행시킨다.

(6) 터미널 프로그램에서 (5)의 폴더로 이동한 후, 'mod10.5 model.py'와 같이 Modeller를 구동하는 'mod10.5' 명령어 뒤에 Modeller에게 여러 가지 정보(즉, template 파일은 무엇이고, alignment는 어떤 파일에 들어있고, 경우에 따라 heteroatom을 넣을 것인지 안넣을 것인지, initial 구조를 만든 후 구조 최적화를 수행할 것인지 등등의 세팅 값)를 포함하고 있는 .py 파일의 파일명을 적어주어 Modeller를 실행시킨다.

## [실습 12] 단백질 구조 예측 실습

(1) 각 조별로 부여된 구조예측 target (즉, query) 서열을 가지고 template을 찾는다. 이것은 HHpred (https://toolkit.tuebingen.mpg.de/tools/hhpred)를 사용하여 수행하면 되는데, 위의 웹사이트에 접속한 후, query 서열을 FASTA format으로 붙여넣기 하고 아래에 있는 'Submit'을 클릭하면 된다.

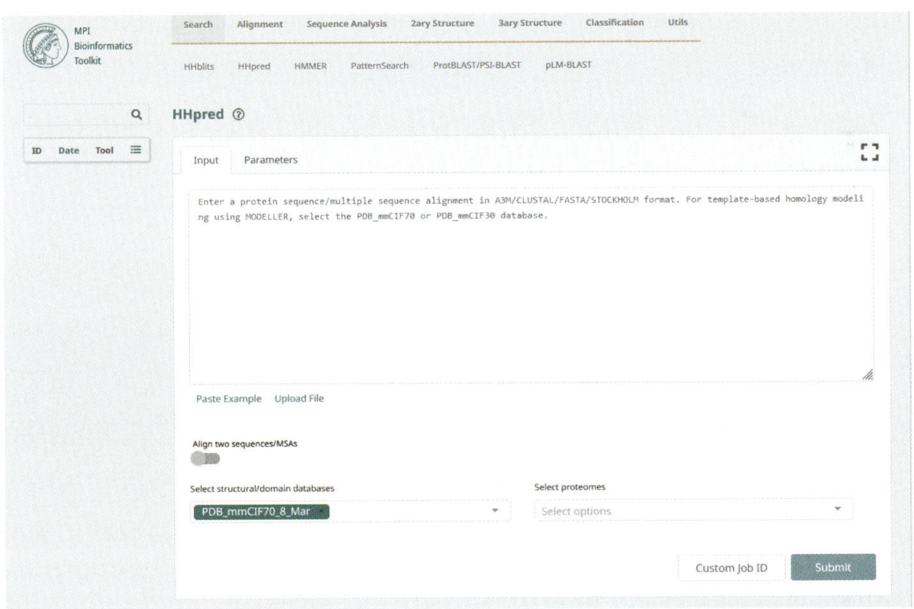


[그림 2-34] HHpred 첫 화면에서 Input 밑 부분에 query 서열을 붙여넣기 하고 아래쪽에 있는 'Submit'을 클릭하면 template 찾기가 수행된다.

(2) HHpred가 찾아준 template 중 1등으로 제시된 template을 homology modeling을 위한 template으로 사용하면 된다.

(3) 담당 교수에게 1등 template의 PDB ID를 보내주면, 담당 교수가 구조를 정리하여 다시 실험자에게 보내준다.

(4) http://pel.kookmin.ac.kr/bioinformatics_tools/get_pdbsequence_modeller.html에 접속한다. 실험자는 담당 교수에게 받은 template 구조를 메모장 등에서 열어서 Ctrl+A 로 전체선택을 한 후, Ctrl+C로 복사한다. 복사한 내용을 구조파일 내용을 붙여넣는 창에 붙여넣기 하고 Submit을 누른다. 그러면 구조로부터 아미노산 서열을 뽑아내어준다.

(5) Query 서열과 (4)에서 받은 template의 아미노산 서열을 각각 FASTA format으로 만들고 하나의 파일에 작성해놓는다.

(6) Query 서열과 template들 서열 간의 multiple sequence alignment를 만들기 위해 ClustalO 웹사이트(https://www.ebi.ac.uk/jdispatcher/msa/clustalo)에 접속한다. (5)의 query 서열과 template의 아미노산 서열을 전체선택->복사 한 후, "Paste your sequence here" 칸에 붙여넣기 한다. 또한, output format을 "Pearson/FASTA"로 선택한 후 제일 아래에 있는 'Submit'을 클릭하여 alignment를 수행한다.

(7) Alignment가 끝나면 팝업창이 뜨는데, "View Results"를 클릭한다. 이후 나오는 창에서 FASTA format으로 나오는 alignment ("Tool outout" 항목에 있다)를 복사하여 메모장 등에 붙여넣고 저장한다.

(8) FASTA format으로 되어 있는 alignment를 Modeller가 사용할 수 있는 PIR format으로 바꿔준다 (그림 2-34). Query 서열에 대한 데이터는 아래 그림 2-34에 나와 있는 것과 같이 써주면 되는데 (즉, ">P1;SEQ" 및 "sequence:SEQ:FIRST:@:LAST:@::::" 줄을 말하는 것이다), template에 대한 데이터는 조금 바꿔주어야 한다.">P1;XXXXX" 에서 XXXXX 자리에 template 구조의 PDB ID를 써준다 (그림 2-35 참조, 아무 이름을 써도 무방하나 일반적으로 PDB ID를 많이 사용하는 편이므로 우리는 PDB ID를 사용하기로 한다). 그 다음 줄인 "structureX:YYYYY:FIRST:A:LAST:A::::"에서 YYYYY도 XXXXX에 써주었던 것과 같게 써준다. FIRST 다음에 나오는 A는 chain이름을 말하는 것인데, 그림 36과 같이 template 구조의 chain이름을 확인하여 수정하여 준다. 설명하

자면, template 파일을 메모장 등에서 열어보면 그림 2-36과 같이 chain 이름을 확인할 수 있는데, 이것을 그대로 적어주면 된다.

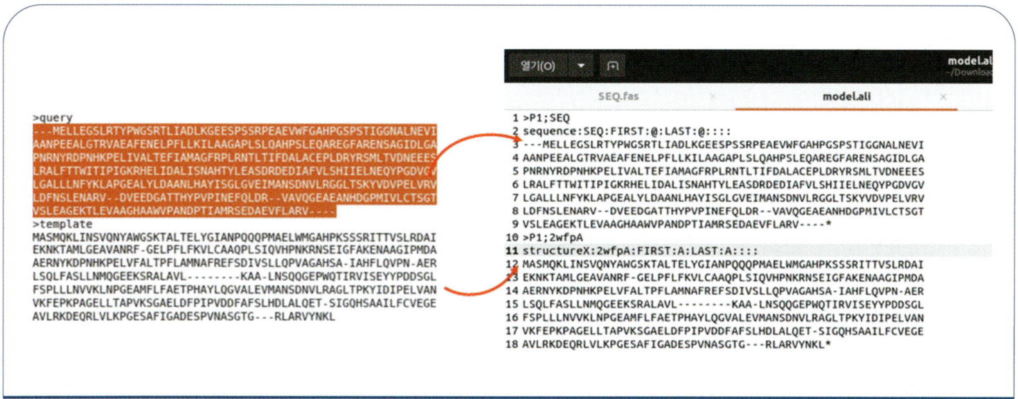

[그림 2-34] 왼쪽이 alignment 결과이고, 오른쪽은 Modeller에 제공하는 alignment인데 Modeller에 제공하는 alignment의 형식은 PIR format이다.

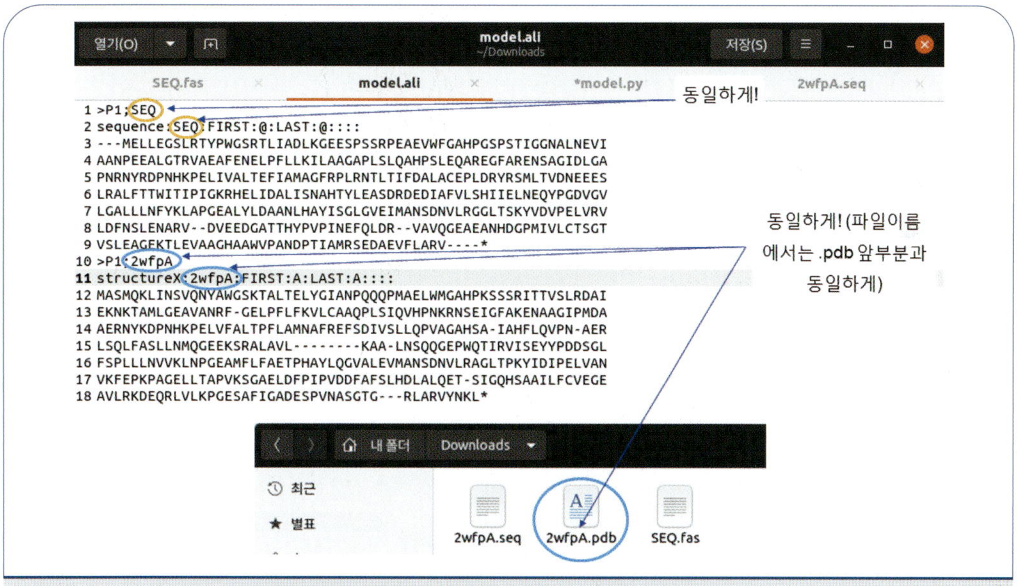


[그림 2-35] Template 정보에서 PDB ID는 template 파일이름과 같도록 해주면 되는데, 애초에 template 파일 이름을 PDB ID로 해주는 것이 편리하다.

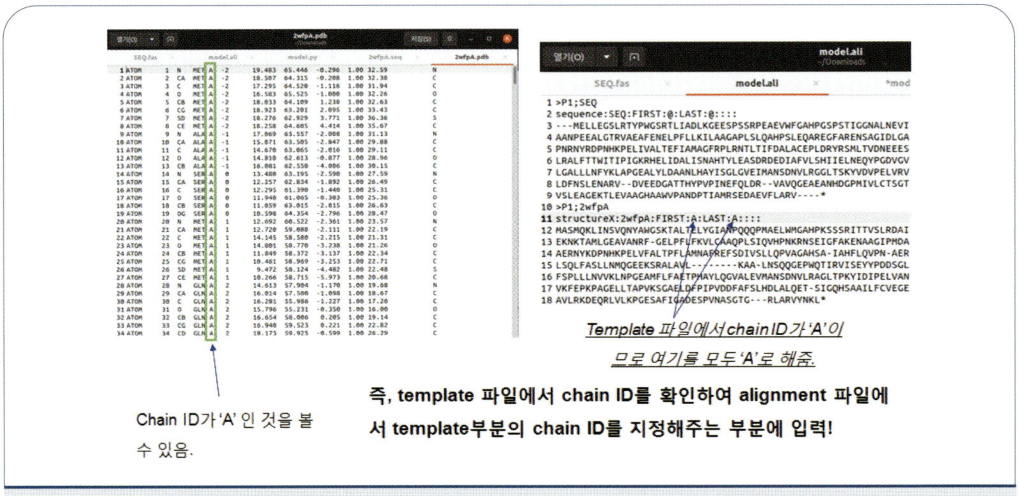


[그림 2-36] Template 구조 파일에서 chain 이름을 확인한 후, alignment 정보 (우측그림)에 적어주면 된다. 오른쪽 alignment file에서 제일 앞의 숫자는 리눅스의 메모장에서 줄 번호를 보여주는 것이니, 파일 내용에 작성하지 않는다.

(9) Modeller에게 여러 가지 파일 정보 등을 제공하는 .py 파일을 작성해야 하는데, 이는 그림 2-37의 좌측 그림과 같이 작성하면 된다. 또한, 작성 시에 주의사항에 대해서 그림 2-37에 상세히 설명하였다.

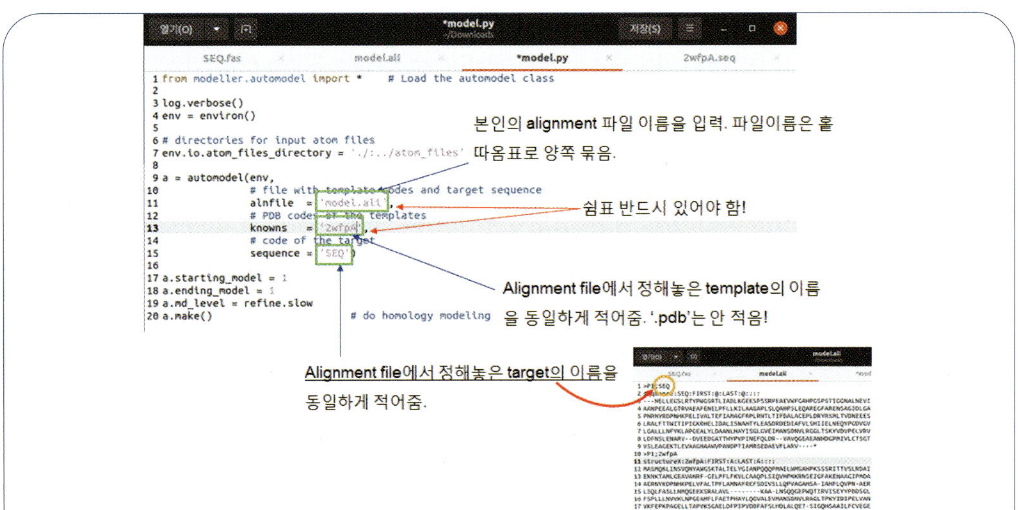


[그림 2-37] '.py' 파일 작성방법. 각 줄 앞에 숫자는 리눅스의 메모장에서 줄 번호를 붙인 것이니 그 숫자는 파일 내용에 작성하지 않는다.

(10) Template 구조 파일(그림 37의 예에서는 2wfpA.pdb), alignment file(그림 37의 예에서는 model.ali), 모델러 구동 파일(그림 37의 예에서는 model.py), 이렇게 세 개의 파일은 동일한 폴더에 존재하도록 한다.

(11) 터미널을 하나 열어서 model.py가 존재하는 폴더로 이동한다 (cd 명령어 이용. 'cd /home/Ubuntu/Downloads' 등의 예 처럼 절대경로를 사용하면 쉽다).

(12) 구조예측을 실행하기 위하여 'mod10.5 model.py'를 입력하고 엔터키 누른다. 여기서 'model.py' 부분에 본인의 Modeller 구동파일의 이름을 써주면 된다(Modeller 구동 파일의 이름이 model.py가 아닐 경우). 본 예에서는 모델러 구동파일 이름이 model.py 이므로 model.py로 적어주었다.

(13) Modeller 실행이 끝난 후, Modeller를 구동한 폴더를 보면 예측된 구조 파일이 생성되어 있다 (그림 2-38의 파란색 화살표). 예측된 구조의 파일명은, alignmen에서 지정한 타겟 이름이 파일명으로 사용되므로, '타겟의 이름 + .B99990001.pdb' 로 생성된다. 본 예에서는 alignment에서 타겟의 이름을 'SEQ'로 지정했기 때문에(그림 35 참조) 예측된 구조의 파일명이 SEQ.B99990001.pdb로 나온다.

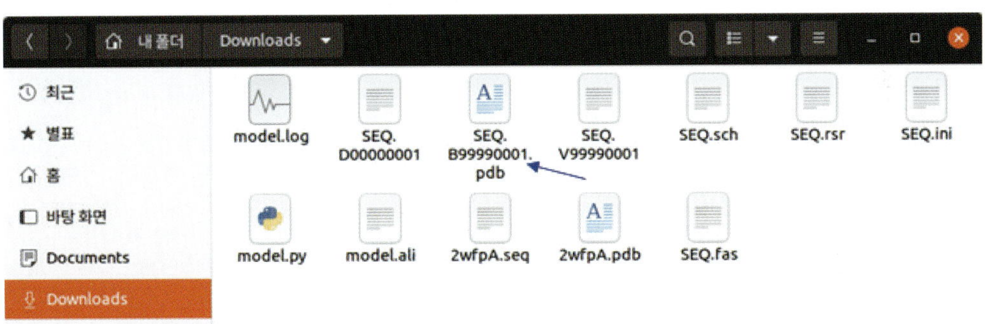


[그림 2-38] 구조예측이 끝난 후 예측된 구조 파일(파란색 화살표)이 생성된 모습.

(14) 생성된 구조 파일을 PyMol과 같은 viewer 프로그램으로 열어서 보면 단백질 구조를 볼 수 있다. PyMol은 라즈베리 파이에서 시냅틱 프로그램을 사용하여 설치하거나 윈도우용 PyMol을 설치하여 사용할 수 있는데, 만약 윈도우 컴퓨터로 옮겨서 PyMol로 열고

싶다면 라즈베리 파이에서 지메일, 네이버메일 등에 웹브라우저(FireFox 등)를 사용하여 접속한 후 이메일로 보내면 된다.

Chapter

# 03

# 3D 프린팅의 기본 원리

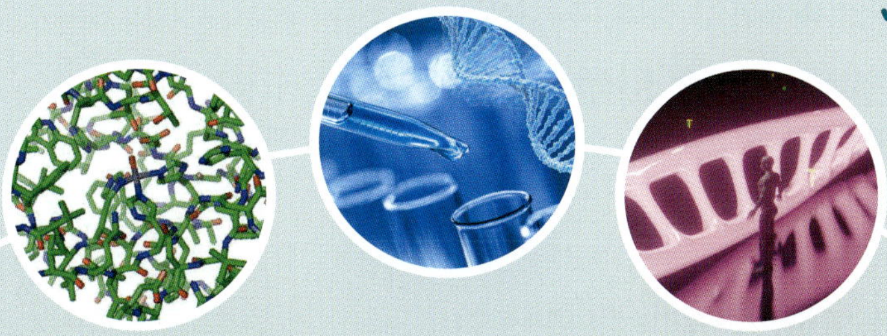

## 1 3D 프린팅이란

3D 프린팅, 또는 적층 제조(additive manufacturing)는 디지털 설계 데이터를 바탕으로 물체를 층층이 쌓아올려 실제 형태로 제작하는 기술이다. 이 기술은 일반적으로 CAD(Computer-Aided Design) 소프트웨어로 설계된 3차원 모델을 사용하여 재료를 층으로 쌓아 올리면서 물체를 만들어낸다. 전통적인 제조 방식이 재료를 깎거나 조각하는 방식인 반면, 3D 프린팅은 무한한 디자인 자유도를 통해 혁신을 장려하고 촉진하는 동시에 엄청난 비용과 소요 시간을 줄여주는 기술이다. 복잡한 형상과 복잡한 기능을 가진 부품을 추가 비용 없이 제작할 수 있을 뿐 아니라 기존 제조 방법으로는 조립이 불가능했던 구조를 가지는 부품을 설계, 제작할 수 있다. 이 뿐 아니라, 3D 프린팅은 AI 기술과 접목되어 더 가볍고 튼튼한 설계를 통해 제품 작동 수명 전반에 걸쳐 환경 효율성을 제공할 수 있는 에너지 효율적인 기술로 부상하고 있다.

## 2 3D 프린팅 방식에 따른 분류

### 1) SLA (Stereolithography Apparatus)

3D 프린팅의 개념은 1980년대 초반에 Charles Hull에 의해 처음 소개되었다. Hull은 광경화성 수지를 사용하여 레이저로 수지 표면을 굳히면서 물체를 한 층씩 만들어내는 방식인 SLA 기술을 1984년 최초로 개발하였으며, 이를 통해 3차원 물체를 성공적으로 제작했다. 이 기술을 이용하여 제품화된 SLA-1 장비는 3D 프린팅의 개념이 실제로 가능함을 보여주었으며, 이후 다양한 3D 프린팅 기반 제조 기술의 발전에 중요한 기초를 제공했다.

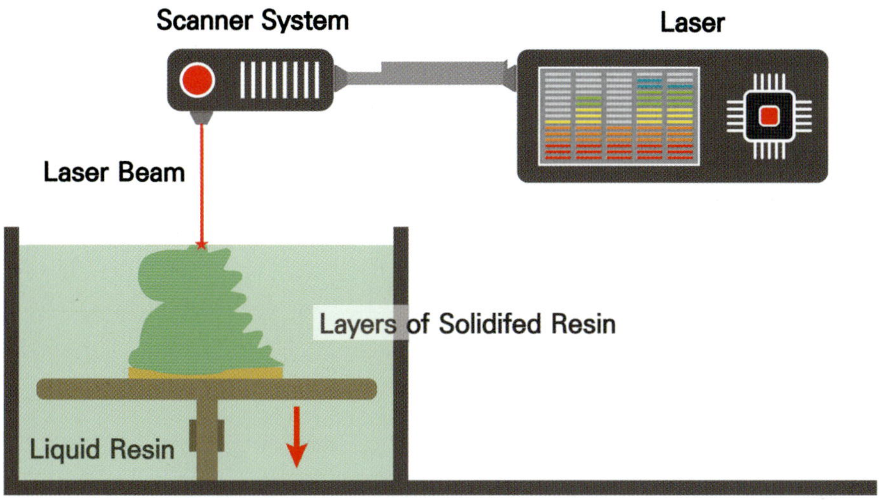


[그림 3-1] SLA (Stereolithography Apparatus) 방식의 원리

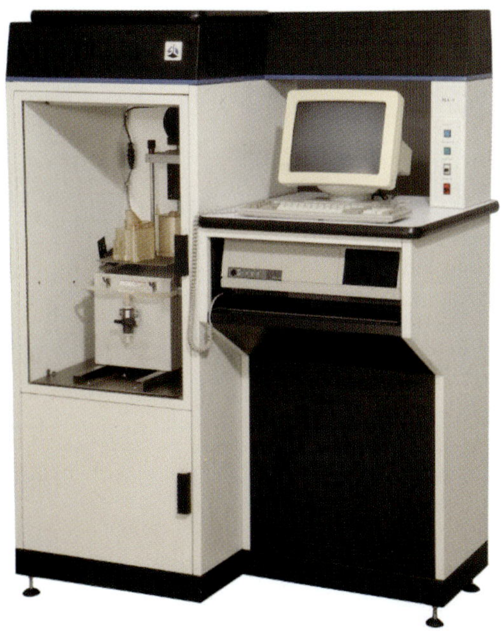

[그림 3-2] 최초의 상용 3D 프린터 (Model SLA-1)

### 2) DLP (Digital Light Processing)

1987년 Larry Hornbeck가 개발한 DLP 기술은 SLA와 유사한 원리로, 광경화성 수지를 프로젝터를 통해 경화시켜 물체를 제작하는 방식이다. SLA 기술과 가장 큰 차이점은 광원의 방향과 제작하고자 하는 구조가 바닥면에 거꾸로 메달려 형성되어가는 것이다. 일반적으로 레진이 담긴 수조 표면에서부터 시작하여 바닥면이 점차 수조 아래로 잠겨가며 상부 구조물을 제작하는 SLA와 달리 DLP는 얕은 레진 통만 필요하므로 일반적으로 낭비가 적고 운영 비용이 낮다는 장점이 있다. 또한, SLA보다 빠른 제작 속도를 제공하며, 특히 치과 및 정밀 부품 제작에 많이 사용되고 있다.

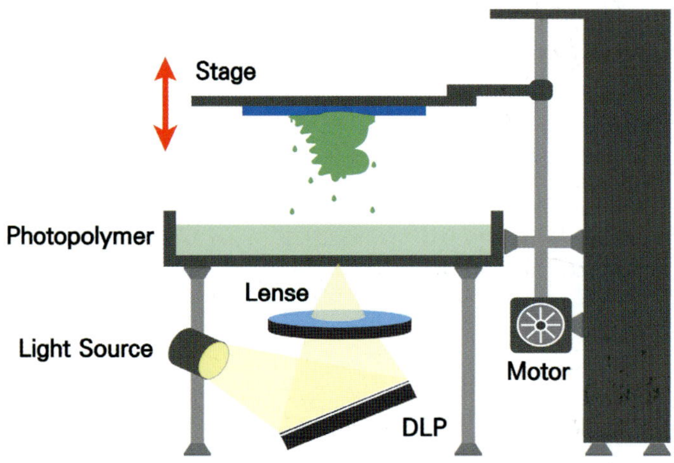


[그림 3-3] DLP (Digital Light Processing) 방식의 원리

### 3) SLS (Selective Laser Sintering)

1980년대 후반 Carl Deckard에 의해 개발된 SLS는 파우더 형태의 재료를 레이저로 선택적으로 녹여 물체를 제작하는 방식이다. 단단하게 압축된 분말 재료의 파우더 베드 표면을 기계에 공급된 3D 데이터에 따라 레이저를 움직이는 방법을 사용하고, 레이저에 노출된 파우더는 순간적으로 녹았다가 굳으며 고체 구조를 형성한다. 각 층이 완성되면 파우더 베드를 살짝 내린 후 파우더를 채우고 다음 층의 프린팅을 반복한다. 출력이 완료되면 전체 파우더 베드를 기계에서

제거하고 여분의 파우더를 제거하여 '프린트된' 부품을 남길 수 있다. 이 공정의 주요 장점 중 하나는 파우더 베드가 오버행과 언더컷에 대한 공정 중 지지 구조 역할을 하므로 다른 방식으로는 제조할 수 없는 복잡한 형상을 이 공정을 통해 제조할 수 있다는 것이다. 또한, 이 기술은 플라스틱뿐만 아니라 금속, 세라믹과 같은 다양한 재료를 사용할 수 있어 산업용 부품 제작에 유리하다. 그러나, 재료를 녹여야하는 특성 상 고온 조건에서 작업이 진행되어야 하기에 냉각 시간이 길다는 단점이 있고, 파우더가 녹았다가 굳는 과정에서 다공성 구조가 형성되는 경우가 있어 다른 출력 방법에 비해 표면 마감이 좋은 편이 아니다.

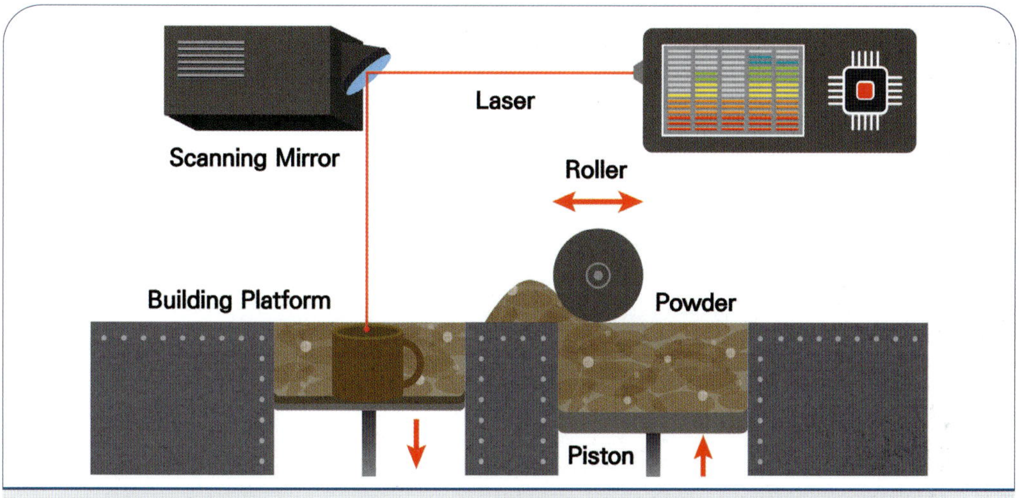


[그림 3-4] SLS (Selective Laser Sintering) 방식의 원리

### 4) FFF (Freeform Fabrication)와 FDM (Fused Deposition Modeling)

FFF와 FDM은 열가소성 플라스틱을 녹여 노즐을 통해 쌓아 올리는 방식이다. 별도의 몰드가 필요없기 때문에 FFF라고 불리는 이 공정은 프린터에 제공된 3D 데이터에 따라 가열 압출기를 통해 한 번에 한 층씩 플라스틱 필라멘트를 녹이면서 밀어내는 방식으로 출력하며, 각 레이어는 출력되면서 경화되어 이전 레이어와 결합한다. 앞서 소개한 기술들에 비해 레이저를 사용하지 않아 장비 가격을 크게 낮출수 있었으며, 이에 따라 현재 가장 널리 사용되고 있는 3D 프린팅 기술 중 하나이다.

FFF 공정으로는 허공에 출력이 불가능하기 때문에 돌출된 형상의 경우 지지 구조 (서포터)가 필요하다. 서포터는 출력 물체와 달리 저밀도로 출력할 시 손이나 니퍼를 이용하여 제공할 수 있다. FDM은 일반적인 FFF 기술과 달리 수용성인 필라멘트를 이용하여 서포트를 출력하는 방법이기에 출력물을 완성한 후 물로 씻어내면 보다 완성도 있는 제품을 제작할 수 있다는 장점이 있다.

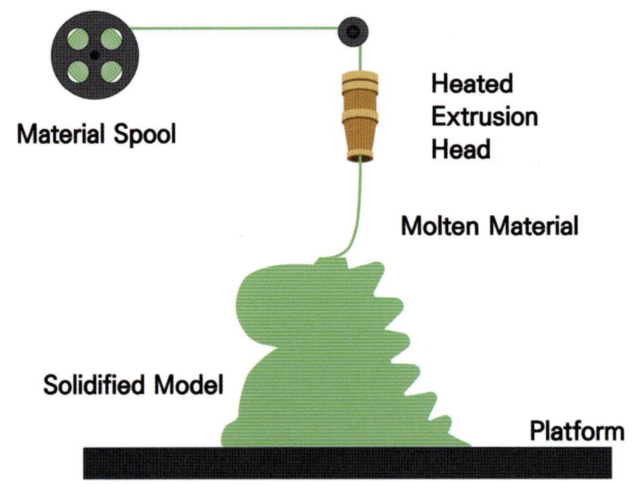


[그림 3-5] FFF (Freeform Fabrication)와 FDM (Fused Deposition Modeling)

## 3 3D 프린터를 이용한 출력 진행 단계

### 1) 3차원 모델링

3D 모델링 소프트웨어(CAD)를 사용하여 출력물의 디지털 설계를 만든다. 이 소프트웨어를 통해 제품의 모양, 크기, 내부 구조 등을 설계할 수 있다. 대안으로, 3D 스캐너를 사용하여 실물 객체를 스캔하고 그 데이터를 바탕으로 디지털 모델을 생성할 수 있다.

### 2) 3차원 정보 파일 준비

3D 모델은 일반적으로 STL(Stereolithography) 파일 형식으로 저장된다. STL 파일은 물체의 표면을 작은 삼각형으로 분할하여 나타내는 방식으로 일반적으로 폴리곤이라 불리는 방식 중 하나이다. 이후, 3차원 구조를 출력하기 위해 각각의 층으로 구분할 수 있게 해주는 슬라이싱 소프트웨어를 사용하여 모델을 층으로 나누고, 각 층의 프린팅 경로를 설정한다. 이 과정을 통해 g-code 파일이 생성되며, g-code 파일을 3D 프린터에 옮겨준다.

### 3) 프린팅

준비된 G-code 파일을 3D 프린터에 전달하면, 프린터는 설정된 재료와 방식을 사용하여 물체를 출력한다. 프린터는 노즐 또는 다른 적층 장치를 통해 재료를 연속적으로 쌓아 올리며, 각 층이 완성될 때마다 다음 층이 그 위에 추가되는데, 이 과정에서 바닥면의 넓이 대비 높이가 너무 높아지는 것과 같이 불안정한 구조가 형성되면 완성도있는 출력물이 나오지 않을 가능성이 높다.

### 4) 후처리

프린팅이 완료된 후에는 후처리 과정을 통해 물체의 표면을 다듬거나 필요에 따라 추가 작업을 수행한다. 서포터를 제거하는 과정도 후처리에 해당된다.

## 4 3D 프린팅 기술의 바이오헬스 분야로의 적용

### 1) 보호대 및 지지체 제작

3D 프린팅 기술이 가장 앞서 적용된 바이오헬스 분야는 신체를 보호하거나 지지할 수 있는 보조 기구의 제작이다. 원하는 형태에 맞춰 자유롭게 출력이 가능한 3D 프린팅 기술은 개인 맞춤형 기구의 제작을 가능하게 해주었다. 운동선수들 개개인의 신체 구조 및 선호에 따라 제작된 보호대는 선수의 운동능력을 방해하지 않으면서 추가 부상을 방지할 수 있는 기능을 가지고 있다.

또한 3D 프린팅을 이용하여 신체 절단 환자의 보조기구를 제작하는 기술로도 확장되고 있다. 환자의 신체 절단면에 맞춘 구조를 통해 착용감을 개선할 수 있을 뿐 아니라, 최근에는 환자가 원하는대로 움직일 수 있는 전자의수의 개발도 진행되어 상용화된 예시도 있다.

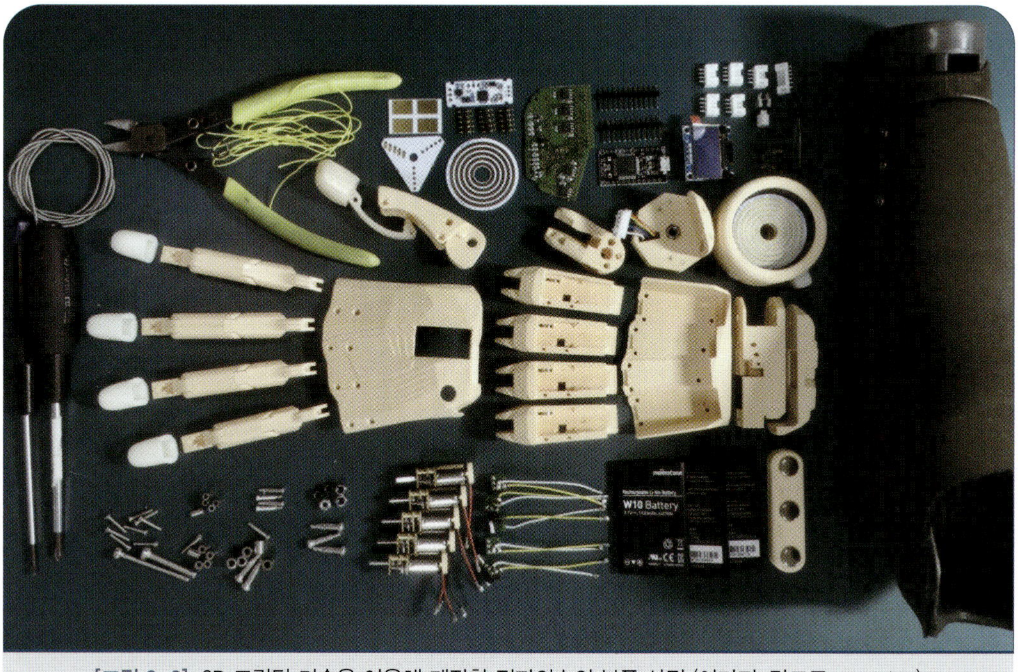


[그림 3-6] 3D 프린팅 기술을 이용해 제작한 전자의수의 부품 사진 (이미지: 만드로, mand.ro)

## 2) 바이오 3D 프린팅

바이오 3D 프린팅(Bioprinting)은 생물학적 재료와 세포를 사용하여 조직이나 장기를 제작하는 혁신적인 기술로 조직 공학과 재생 의학 분야에서 큰 잠재력을 지니고 있는 것으로 평가받고 있다.

### (1) 바이오잉크

바이오 3D 프린팅의 핵심 구성 요소 중 하나는 바이오 잉크이다. 바이오 잉크는 일반적으로 세포, 생체재료, 생물학적 활성 물질로 이루어져 있으며, 프린팅 후에 세포가 생존하고 자랄 수 있도록 지원해주는 역할을 한다. 바이오 잉크는 다음과 같은 요소로 구성된다.

① 세포: 원하는 조직이나 장기의 유형에 따라 다양한 종류의 세포가 사용된다. 예1) 심장 조직을 프린팅하기 위해 심근 세포를 사용
예2) 배양육을 제작하기 위해 근육 세포를 프린팅

② 생체재료: 세포를 지지하고, 구조적 안정성을 제공하며, 세포가 붙어 자랄 수 있는 체내 물질과 유사한 물질로 구성한다. 일반적으로 사용되는 생체재료로는 젤라틴, 알지네이트, 콜라겐 등으로 만든 하이드로젤이 있다.

③ 생물학적 활성 물질: 성장 인자, 시그널링 분자, 영양소 등이 포함되어 있으며, 세포의 성장과 분화를 유도하는 역할을 한다.

### (2) 바이오 3D 프린팅 방식

바이오 3D 프린팅은 일반적인 3D프린팅 기술과 달리 살아있는 세포를 다뤄야 하기 때문에 열을 사용하는 방식을 사용할 수 없으며, 세포가 포함되어있거나 세포가 붙을 수 있는 지지체로 구성된 바이오 잉크(bioink)를 출력하는 새로운 방법이 도입되어야 할 필요성이 있다.

① 압출 기반 프린팅: 가장 널리 사용되는 방법으로, 바이오 잉크를 노즐을 통해 압출하여 층층이 쌓아가는 방식이다. 이 방식은 세포의 생존율이 높고, 다양한 바이오 잉크를 사용할 수 있다는 장점이 있으나 별도의 몰드 없이 높이 쌓아올리기 어렵다는 단점이 있다.

② 잉크젯 프린팅: 잉크젯 프린터와 유사하게 작은 방울 형태로 바이오 잉크를 분사하여 구조를 형성한다. 고해상도의 구조물을 만들 수 있지만, 세포의 생존율이 낮을 수 있다.

③ 광학 기반 프린팅: 레이저나 빛을 이용하여 광경화성 바이오 잉크를 경화시켜 구조를 만드

는 방식이다. 다른 방법에 비해 상대적으로 정밀한 구조를 만들 수 있지만, 사용 가능한 바이오 잉크가 제한적이며, 세포의 생존율이 낮을 수 있다.

Chapter

# 04

# 단백질 구조 파일의 STL 파일 변환

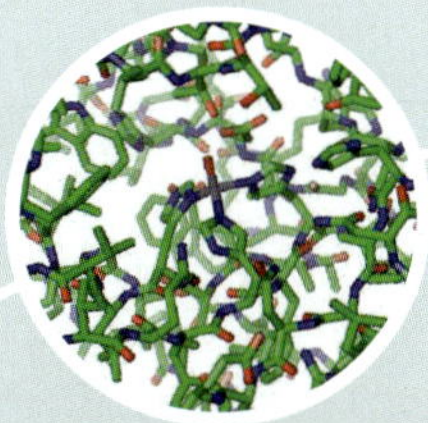

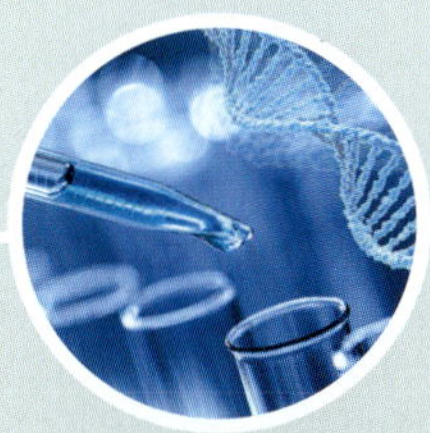

## 1 STL 파일이란

STL 파일은 Chap. 3에서 간단히 설명한 것과 같이 3차원 데이터를 표현하기위해 사용되는 파일 형식 중 하나로 3D 프린팅 분야에서 많이 사용되고 있다. STL은 입체 물체의 표면을 3각형 면으로 구성하여 표현해 주는 일종의 폴리곤 포맷이며, 삼각형의 분할 수를 많이 늘려서 삼각형의 크기가 작아질수록 고품질의 출력물을 얻을 수 있다.

단백질 3차원 구조는 일반적으로 단백질 및 기타 거대분자의 3차원 구조를 저장하기 위한 표준화된 형식인 .pdb (protein data bank) 파일로 저장되어 있기 때문에 3D프린터로 출력하기 위해서는 우선 stl 파일로 변환하는 작업이 필요하다.

이전에는 pdb 파일을 PyMol을 이용하여 벡터 표현 확장자인 wrl 파일로 변환하고, 이것을 다시 MeshLab에서 stl 파일로 변환하는 2 단계를 주로 활용하였으나, 본 교재에서는 미국 국립보건원 (NIH)에서 생물, 의학 관련한 3D 프린팅을 지원하기 위해 웹 상에서 pdb 파일을 포함한 다양한 파일의 stl 변환을 지원해주는 웹페이지(https://3d.nih.gov/)를 활용하는 방법을 소개한다.

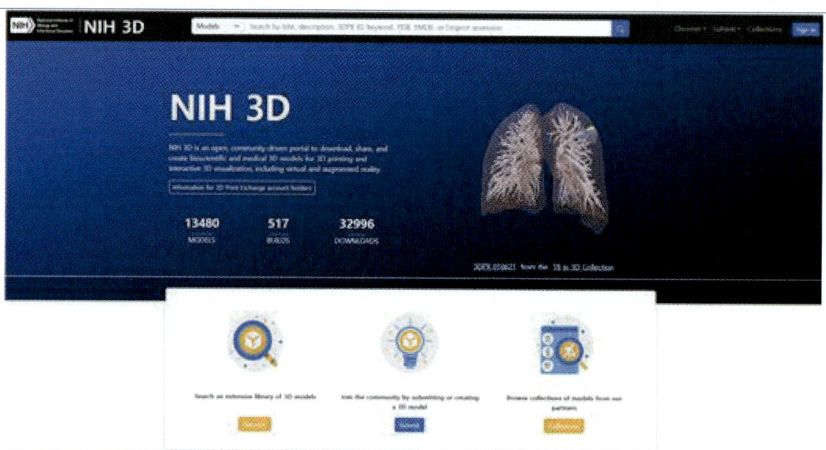


[그림 4-1] NIH 3D webpage

## 2 재료 및 기기, 소프트웨어

(1) 단백질 구조 파일 (pbd 포맷)

(2) NIH 3D webpage, https://3d.nih.gov/

### [실습 4] NIH 3D를 이용한 pdb 파일의 stl 파일 변환

(1) NIH 3D 홈페이지 상단의 Sign in 버튼을 통해 홈페이지 가입 또는 로그인 한다.

(2) 홈페이지 중단에 있는 3개의 아이콘 중 가운데 아이콘의 'Submit'을 누른다.

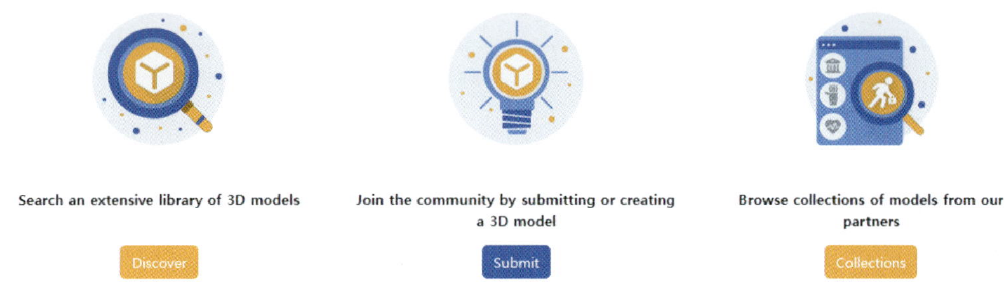


[그림 4-2] NIH 3D webpage 중단 아이콘 이미지

(3) 'Upload a file from one of the following categories'에서 'Molecules'을 선택하고 pdb 파일을 업로드한다.

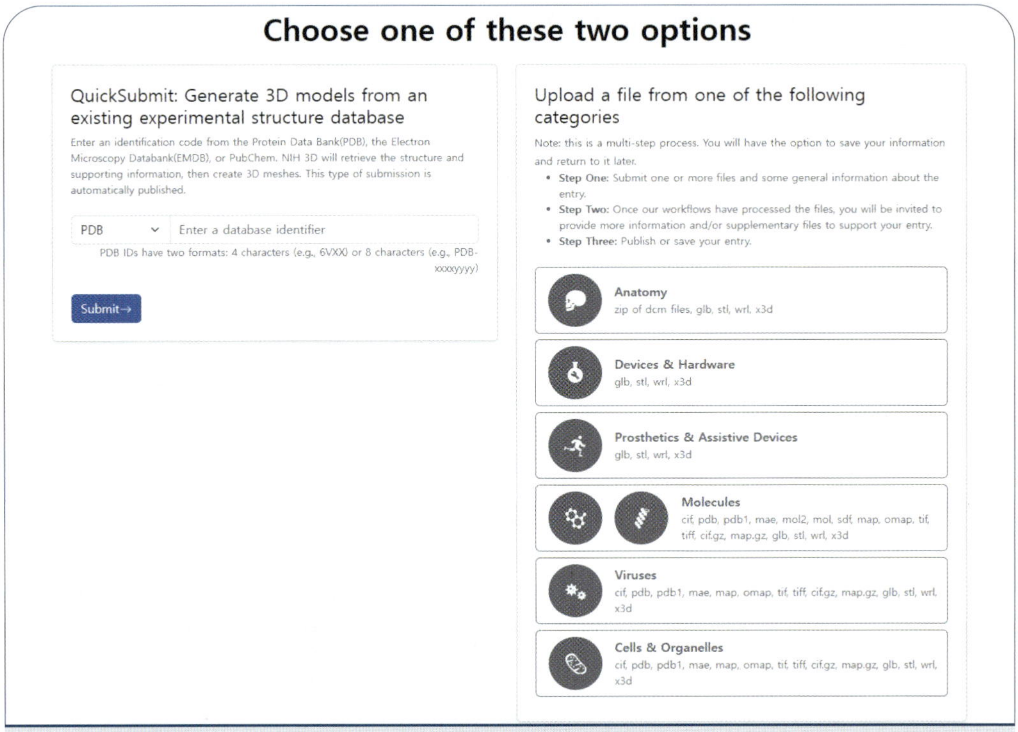


[그림 4-2] 카테고리 선택 창

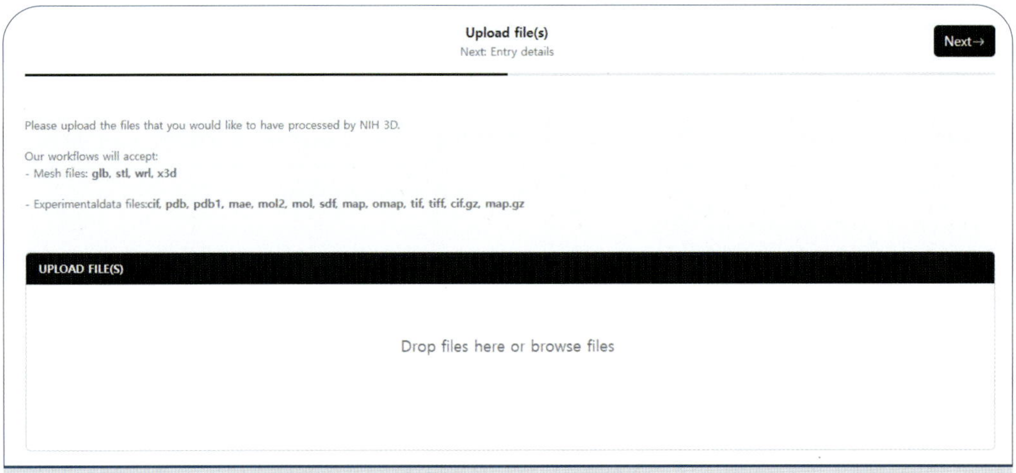


[그림 4-3] pdb 파일 업로드 창

(4) 'Label'에 단백질에 대한 간단한 설명을 적고 'Next'를 누른다.

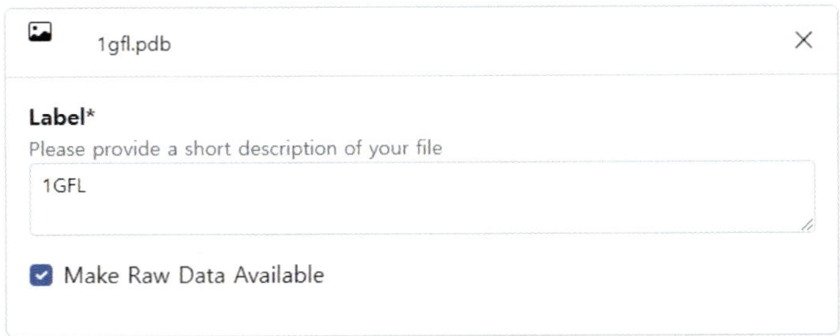


[그림 4-4] 간단한 설명 입력 창

(5) 단백질 이름, 설명, 키워드 작성, License 타입을 고른 후 'Next'를 누른다. (참고) Publish 된 이후에는 삭제가 불가능하니 주의깊게 작성한다.

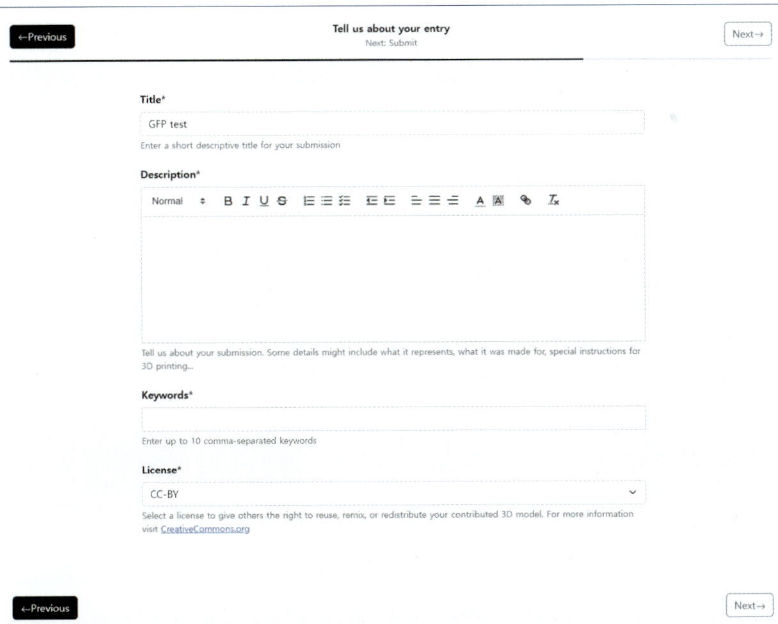


[그림 4-5] 업로드한 단백질의 설명 입력 창

(6) 제출 준비 완료 안내 문구를 확인하고 Submit your model → 를 누른 후, 이어서 나오는 팝업에서 Submit 을 누르면 최종 제출이 완료된다.

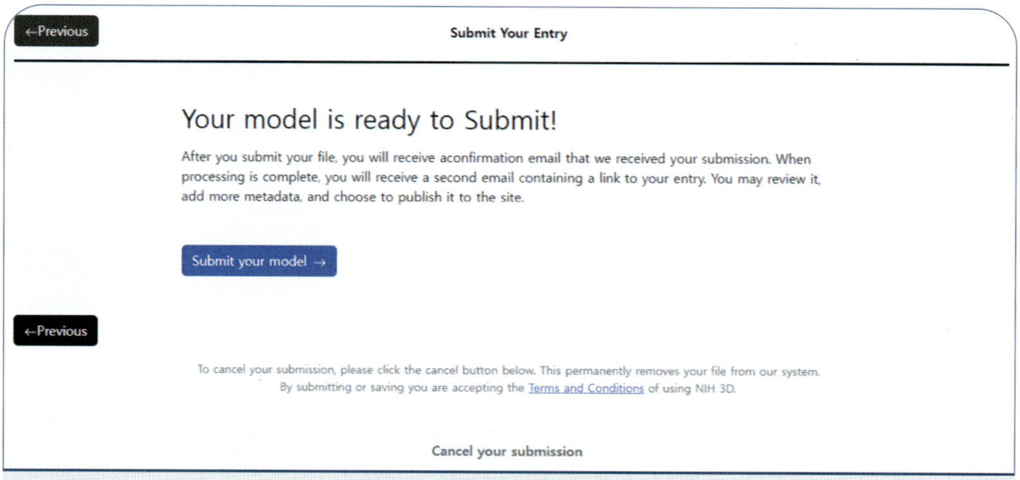


[그림 4-6] 업로드 준비 완료 안내 메시지

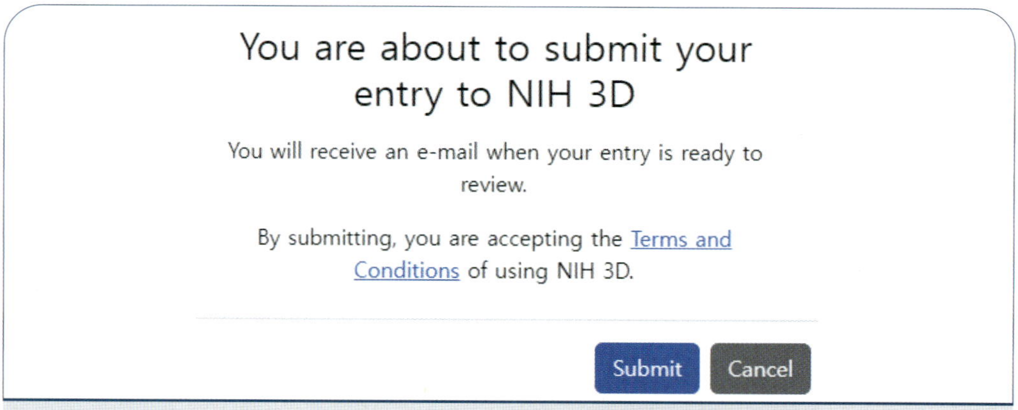


[그림 4-8] 업로드 최종 확인 팝업

(7) 가입한 이메일로 제출 확인, 생성 안내 메일이 각각 전달된다.

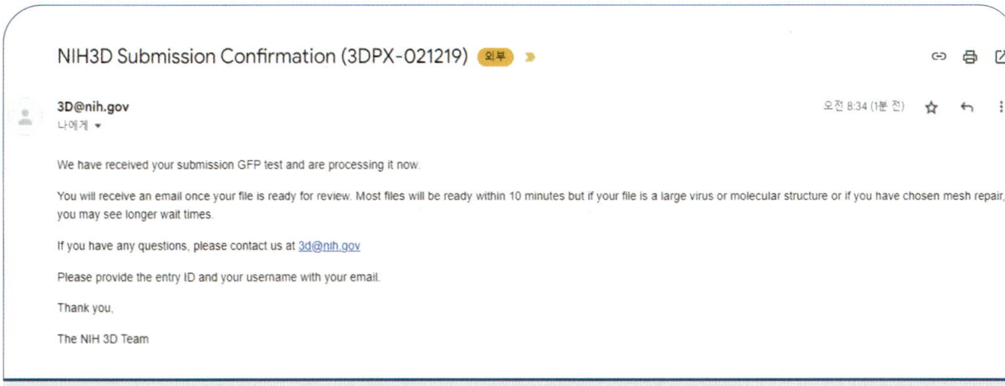

NIH3D Submission Confirmation (3DPX-021219) 외부

3D@nih.gov
나에게

오전 8:34 (1분 전)

We have received your submission GFP test and are processing it now.

You will receive an email once your file is ready for review. Most files will be ready within 10 minutes but if your file is a large virus or molecular structure or if you have chosen mesh repair, you may see longer wait times.

If you have any questions, please contact us at 3d@nih.gov

Please provide the entry ID and your username with your email.

Thank you,

The NIH 3D Team

[그림 4-9] 가입 확인 안내 이메일

(8) NIH 3D 홈페이지 우측 상단 코너의 본인 이니셜을 클릭하여 나오는 drop down manu 에서 'Profile & Submission Dashboard'를 선택한다.

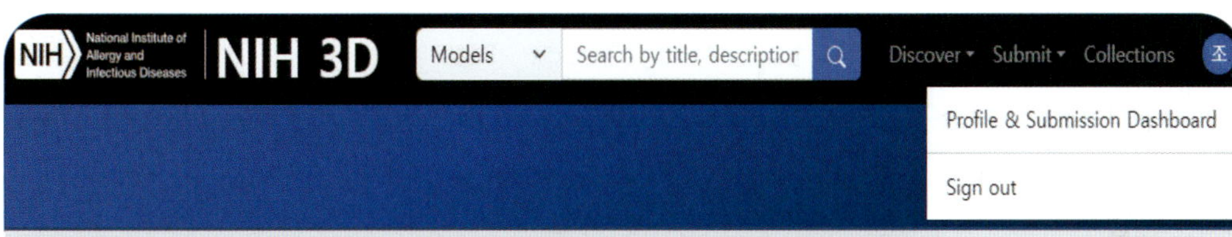


[그림 4-10] Profile & Submission Dashboard

(9) 이어 나오는 'UNPUBLISHED MODELS (1)'에서 'Actions'의 'Post-Submission'을 선택한다.

[그림 4-10] Post-Submission 선택

(10) 제출하였던 정보를 통해 생성된 단백질의 3차원 이미지 파일 preview가 가능하며, 제일 마지막 페이지에서 를 누르면 최종적으로 공개가 완료된다.

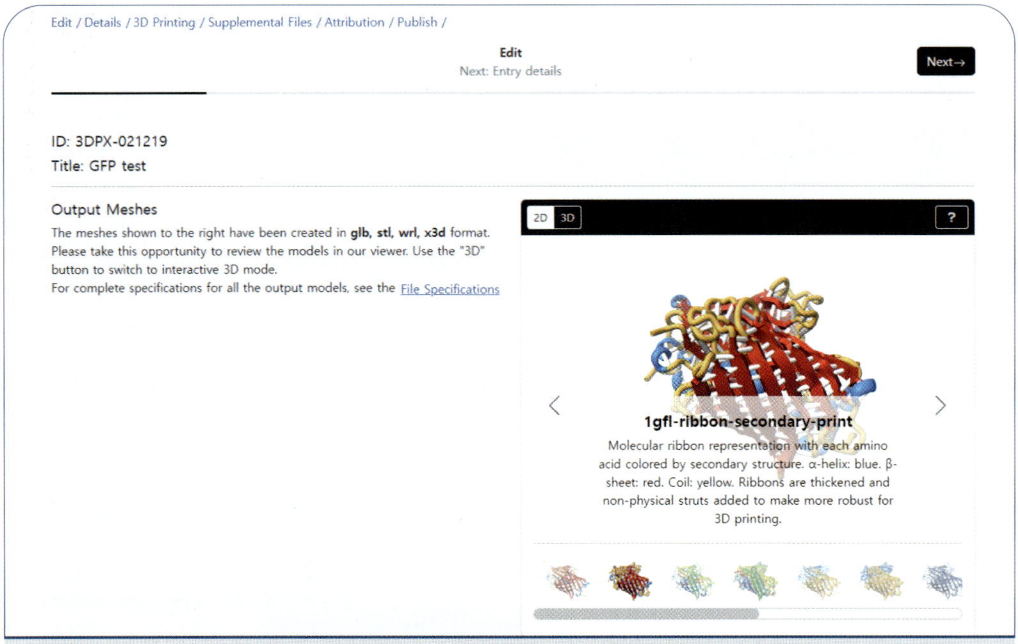


[그림 4-11] 제출한 pdb 파일로 생성된 다양한 3차원 확장자 파일들의 Preview 페이지

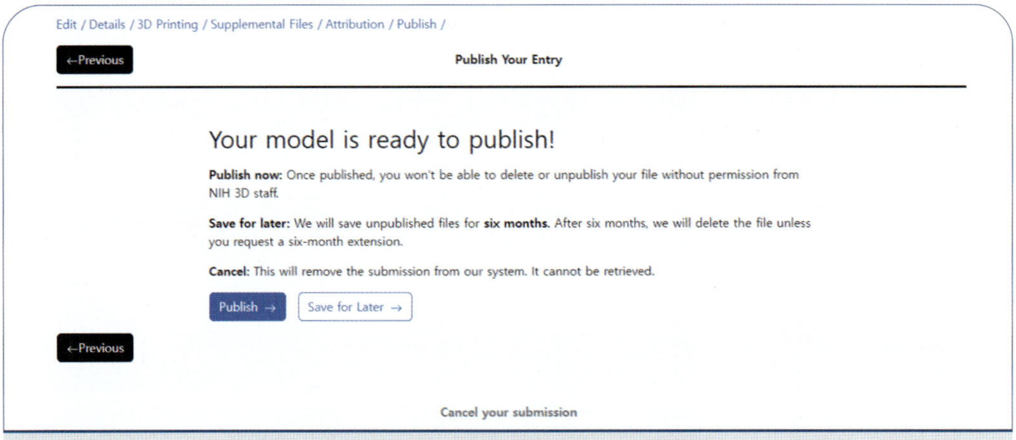


[그림 4-12] Publish를 위한 최종 확인 페이지

(11) 검색창에 본인이 업로드 한 단백질을 검색하여 나온 결과를 선택하여 들어가면 다양한 버전의 단백질 3차원 이미지를 확인할 수 있으며, 원하는 이미지의 stl파일을 다운로드 한다.

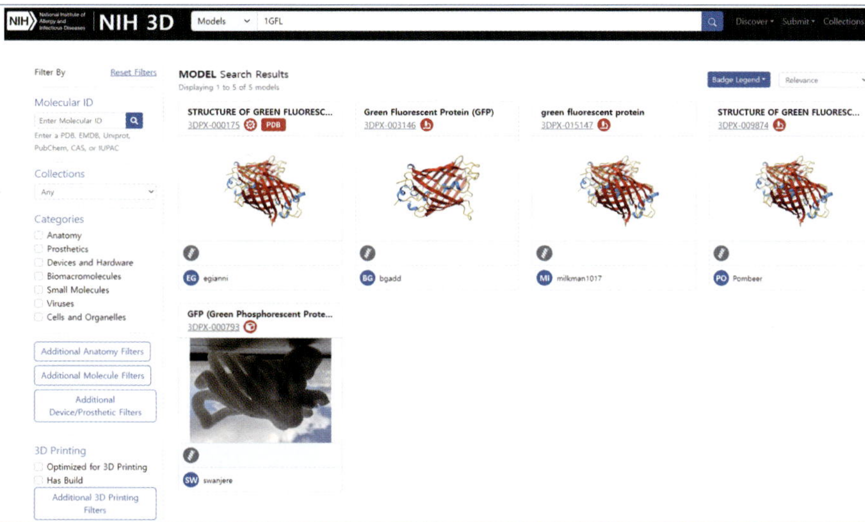


[그림 4-12] 검색 결과

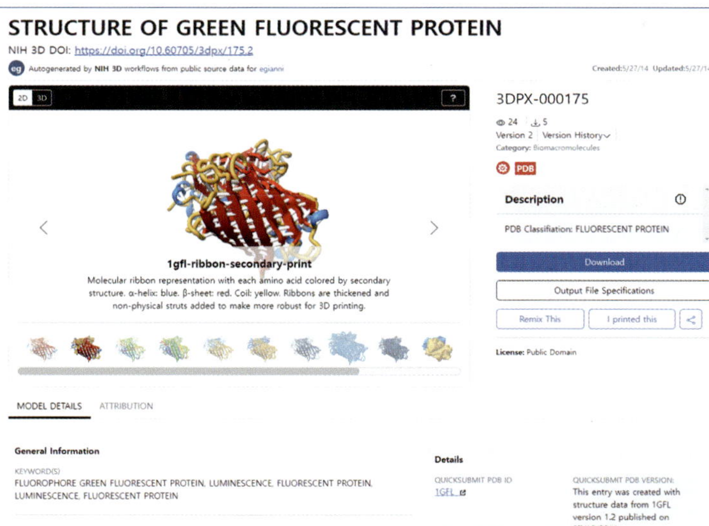


[그림 4-13] 단백질 상세 정보 페이지

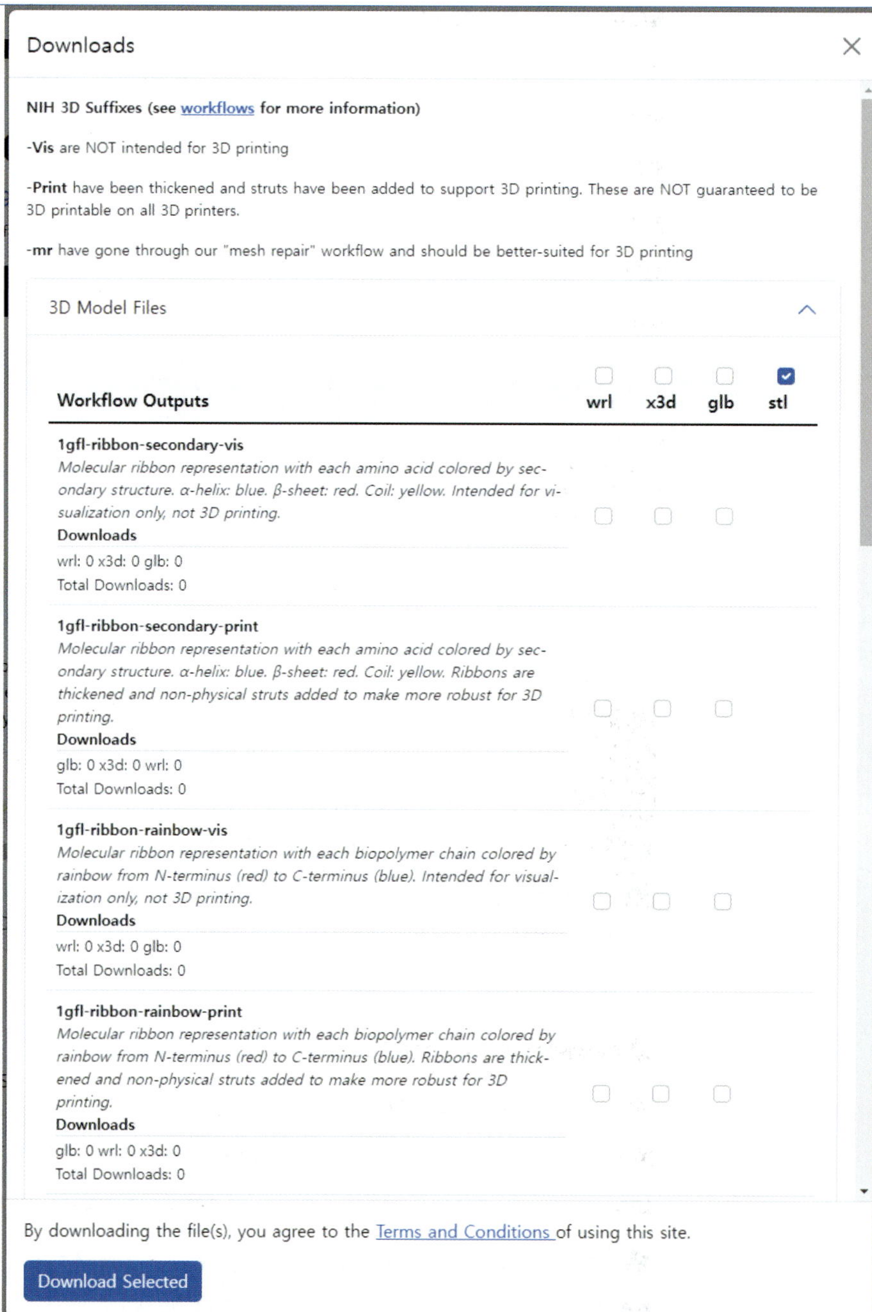


[그림 4-14] stl 파일 다운로드

Chapter

# 05

# 슬라이싱 설정 방법 (Cubicreator 4)

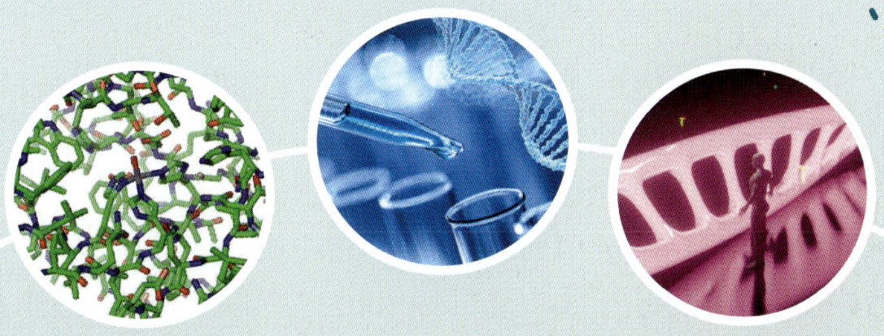

## 1 슬라이싱이란

슬라이싱은 흔히 3D 모델링 파일을 출력하기 위해 쌓아올릴 layer의 수를 결정하는 것으로만 아는 경우가 있으나, 출력 방향, 노즐 온도 설정, 프린팅 속도와 같은 구체적인 출력 조건들을 지정해주는 단계이다. 이 과정에서 3차원 정보를 가지고 있는 stl 파일을 바탕으로 3D 프린터가 출력 시 사용할 높이 및 크기 정보를 말하는 G-code를 자동 생성된다.

이 교재에서는 실습 시 사용할 장비 제조사 큐비콘 사의 슬라이싱 프로그램인 Cubicreator 4를 기준으로 사용 방법을 소개한다.

## 2 배드 고정 및 지지대 (Support) 설정하기

3D 프린팅에서 중요한 시작은 첫 번째 레이어이며, 이 단계에서 많은 오류가 발생한다. 이는 첫 번째 레이어가 프린터 베드에 얼마나 잘 고정되느냐에 따라 출력물의 품질이 달라지기 때문이다. 본 실습에서 사용하는 Single Plus-320C 모델과 Cubicreator 4 소프트웨어에서는 베드의 레벨링 및 첫 번째 레이어의 높이를 자동 설정해주는 옵션을 제공해주기에 기본 설정을 사용하면 된다.

첫 번째 레이어에서 중요한 요소는 베드 고정(스커트, 브림, 래프트)과 지지대(모든 곳, 바닥면)이다.

### 1) 베드 고정

베드 고정은 출력물이 바닥에서 떨어지지 않도록 방지하고, 수축 등으로 인한 변형을 최소화하는 역할을 한다. 베드 고정 방식에는 스커트(Skirt), 브림(Brim), 래프트(Raft) 세 가지가 있으나 본 교재에서는 브림과 래프트를 주로 설명한다.

(1) 브림 (Brim)

브림은 출력물이 베드에 더 잘 붙도록 첫 번째 레이어에 바로 붙여서 옆쪽으로 넓은 '챙'과 같이 덧대어 출력하는 방식이다. 수축과 같은 '바닥 들뜸' 현상을 다소 완화할 수 있다. Cubicreator 4에서 '두껍게'는 20개의 선으로 덧대고 '좁게'는 10개의 선으로 덧대어 준다. 다만, 출력 후 커터나 니퍼 같은 도구를 이용해 제거해야 하며, 제거 후에는 후가공을 해야 하는 단점이 있다.

[그림 5-1] Brim 설정

(2) 래프트 (Raft)

래프트는 베드에 미리 설정한 만큼 일정 두께의 레이어를 쌓은 후 그 위에 출력물을 안착시키는 방식이다. 출력물과 Build plate 사이에 뗏목 형태의 면을 만들어 출력하며, 출력이 완료 된 이후 출력물과 raft를 떼어내야 한다. Raft 설정 시 '높게'는 출력물과 raft사이의 간격이 커 출력물을 떼어내기 쉬운 반면 바닥 품질은 좋지 않을 수 있고, '낮게'는 그 간격이 좁아 품질은 좋을 수 있으나 떼어내기 힘들다.

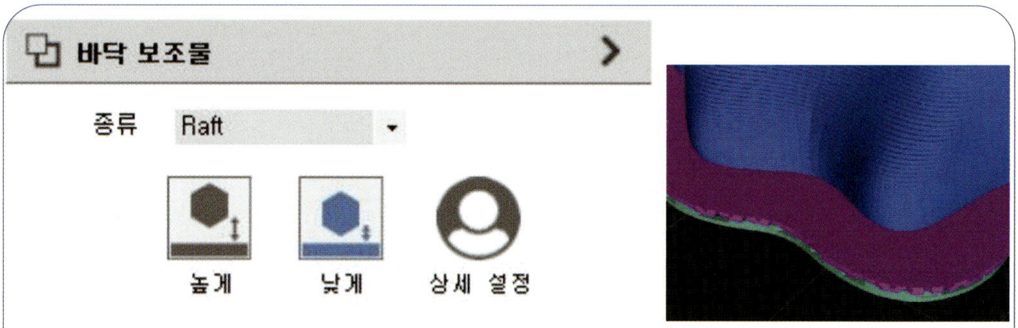


[그림 5-2] Raft 설정

## 2) 지지대

지지대는 돌출된 구조를 출력할 때 허공에서 출력하는 것이 불가능하기 때문에 출력될 구조 하단에 임시로 출력하는 보조 출력물 구조를 이야기한다. 지지대의 구조 및 밀도에 따라 추후 출력물에서 제거하는 것이 매우 힘들 수 있으므로 적절한 조건을 설정하는 것이 출력물의 품질에 직접적인 영향을 줄 수 있다.

① 각도: 일반적으로 돌출된 구조가 더 낮은 각도를 가지고 있을 경우 더 많은 지지대가 필요하며, 필라멘트의 특성에 따라 특정 각도 이상의 조건에서는 서포터가 필요하지 않을 수도 있다.

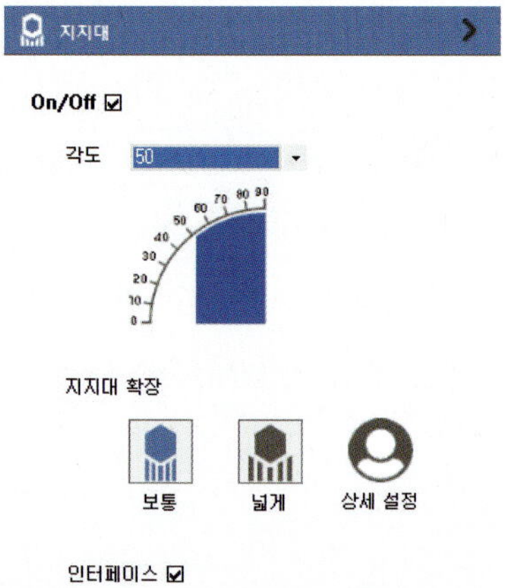


[그림 5-3] 지지대 설정

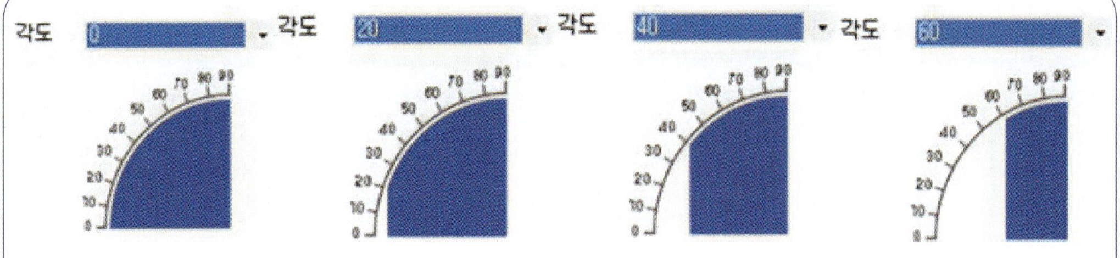


[그림 5-4]  지지대 각도 선택에 따른 서포터 출력 위치의 변화

② 지지대 넓이: 지지대의 범위가 넓어지는 만큼 견고해지나 제거가 힘들고 재료 소모량이 증가할 수 있다. 불규칙한 형태 또는 높고 무거운 구조를 가지는 3D 모델에 적합하다.

[그림 5-5]  지지대 넓이 선택에 따른 서포터 두께의 변화

③ 서포트 인터페이스: 지지대와 출력물 사이에 별개의 면을 생성하여 마주 닿는 부분의 품질을 올릴 수 있다. 다만, 출력 후 제거하기 힘들 수 있다.

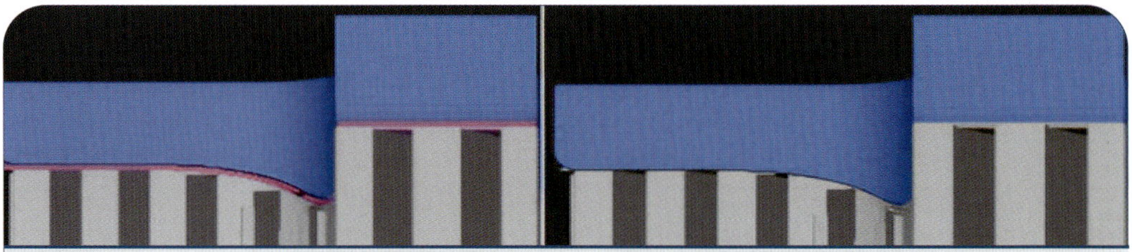

[그림 5-6] (좌) 인터페이스 ON (우) 인터페이스 OFF

### 3. 재료 및 기기

(1) 큐비콘 SinglePlus 320C (기기)

(2) Cubicreator 4 (소프트웨어)

(3) 필라멘트 (PLA, ABS 등)

(4) 단백질 구조 예측 stl 파일

### [실습 6] 프로그램 기본 설정

(1) Cubicreator 4 프로그램을 큐비콘 사의 홈페이지에서 다운로드받고 설치한 후 실행하면 초기 화면에서 장치를 선택할 수 있다. Single Plus-320C를 선택한다.

[그림 5-7] Cubicreator 4 설치 후 첫 화면

(2) 파일 열기를 통해 .stl 확장자로 저장된 3차원 모델링 파일을 프로그램에서 실행시킨다.

(3) 프로그램 창 상단의 아이콘 바에서 '출력옵션'을 눌러 출력을 위한 슬라이싱 및 서포터 설정을 진행한다.

[그림 5-8] 출력옵션 아이콘 위치

(4) 실습에 사용할 필라멘트에 맞춰 필라멘트를 선택한다.

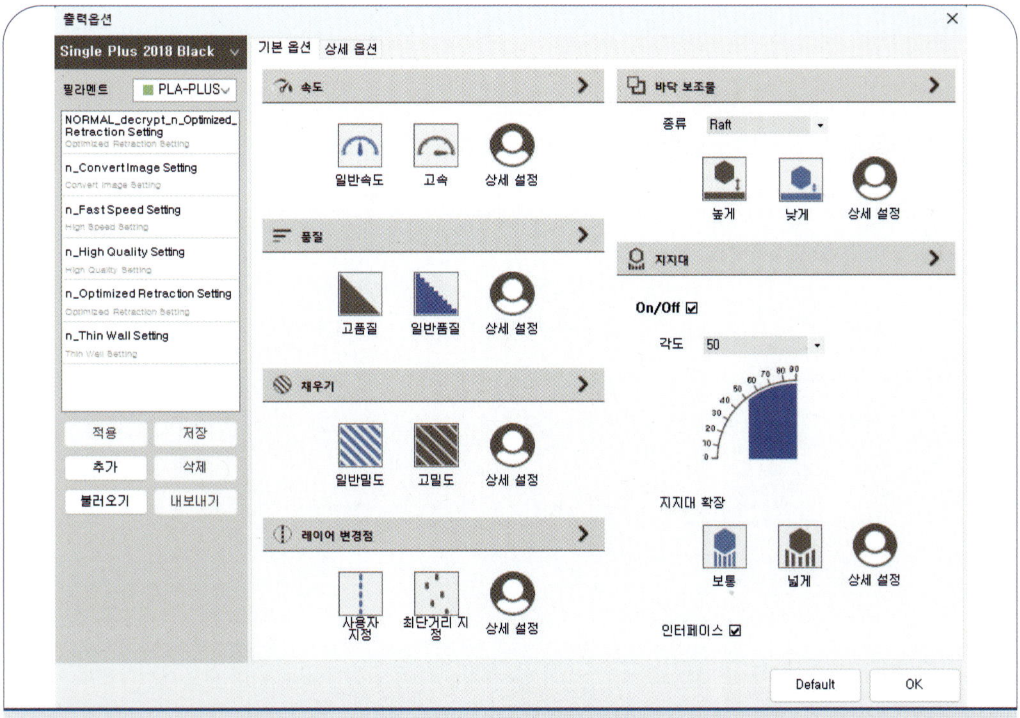


[그림 5-9] 출력옵션 설정 창

(5) 출력물에 맞춰 적절한 옵션을 선택한다.

| 카테고리 | 1st 설정 값 | 2nd 설정 값 |
|---|---|---|
| 속도 | 일반속도 / 고속 / 상세설정 | |
| 품질 | 고품질 / 일반품질 / 상세설정 | |
| 채우기 | 일반밀도 / 고밀도 / 상세설정 | |
| 레이어 변경점 | 사용자 지정 / 최단거리 지정 / 상세설정 | |
| 바닥 보조물 | Raft | 높게 / 낮게 |
| | Brim | 두껍게 / 좁게 |
| | Skirt | 상세설정 |
| 지지대 | 지지대 On / Off | |
| | 각도 | |
| | 지지대 확장 | 보통 / 넓게 / 상세 설정 |
| | 인터페이스 On / Off | |

[그림 5-10] 기본옵션 표

(6) 출력 옵션 설정이 끝나면, 프로그램 상단의 아이콘 바 제일 오른쪽에 있는 '출력준비'를 클릭한다.

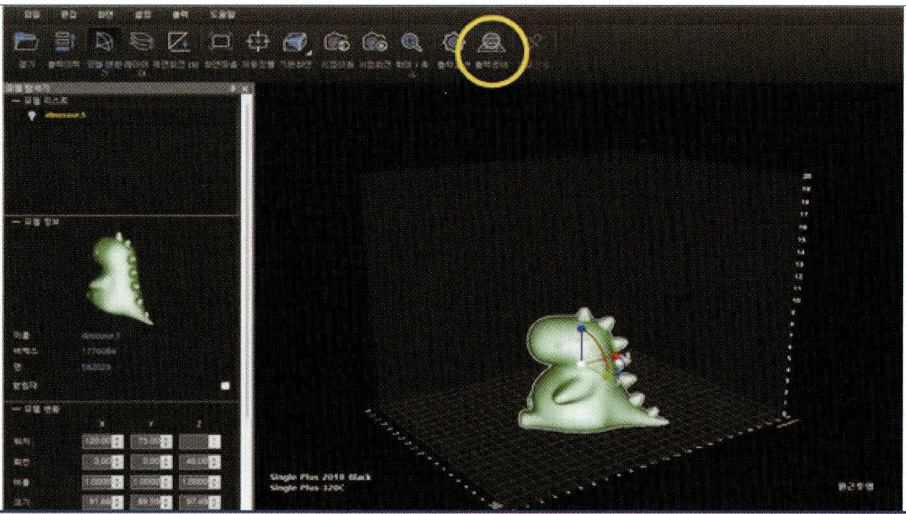

[그림 5-11] 출력준비 클릭

(7) 출력 옵션 설정에 따라 계산된 예상되는 시간 및 구조를 확인한다. 장비 사용 가능 시간을 출력 예상 시간이 초과하는 경우 내부 채움, 크기, 품질 등의 옵션을 조절하여 출력에 필요한 시간을 줄인다.

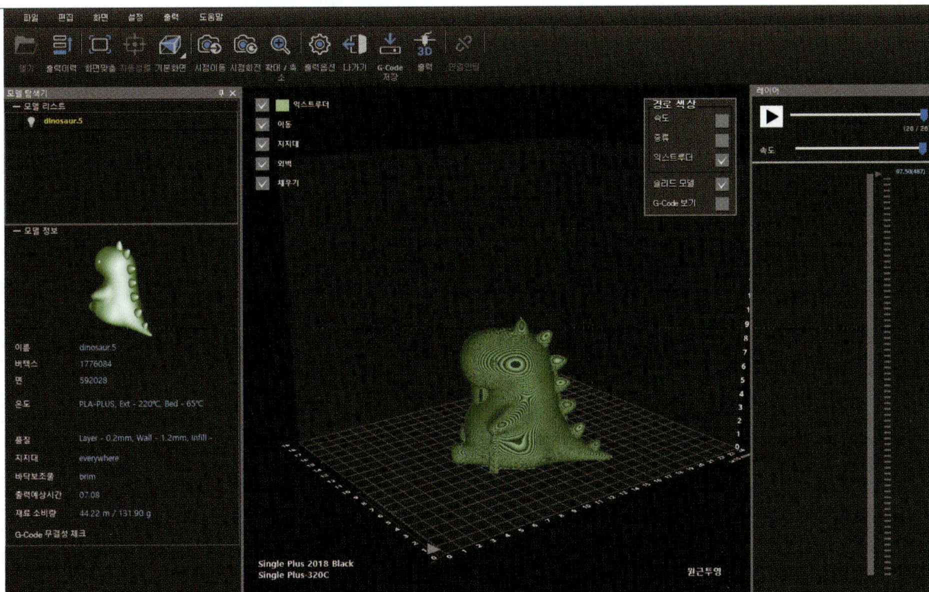


[그림 5-12] '출력준비' 클릭 이후 화면

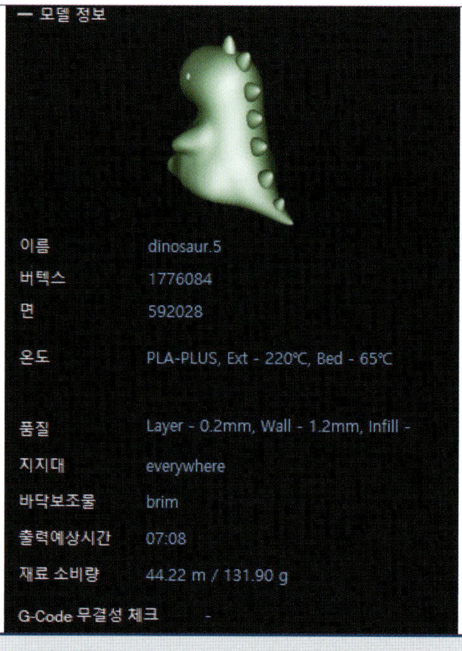


[그림 5-13] 출력옵션 설정 값에 따라 도출된 예상 시간 및 재료 소비량

(8) 예상 시간 조절이 완료되면 G-Code 저장을 눌러 USB에 G-code파일을 저장하고 3D 프린터로 옮겨 출력을 진행한다.

[그림 5-14] '출력준비' 클릭 이후 변화된 상단 아이콘 바

Chapter

# 06

# 출력물 품질을 높이기 위한 팁

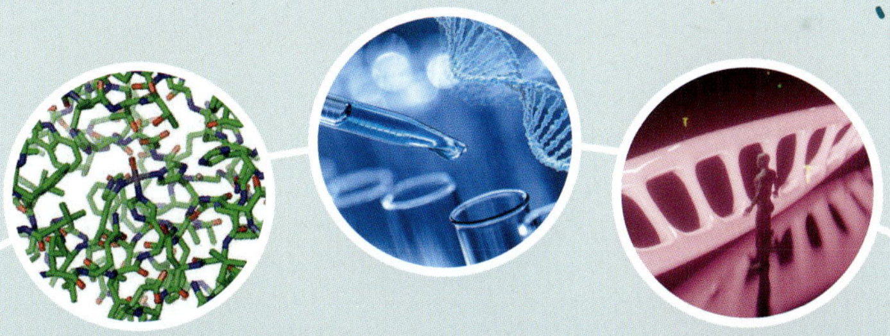

## 1 압출 과다

출력물의 표면이 울퉁불퉁하다면 압출 과다 증상을 생각해볼 수 있다. 압출 과다 현상을 해결하기 위한 방법으로는 채우기 밀도를 조절해볼 수 있으며, 일반적인 채우기 밀도는 60%를 넘지 않는 것을 권장한다.

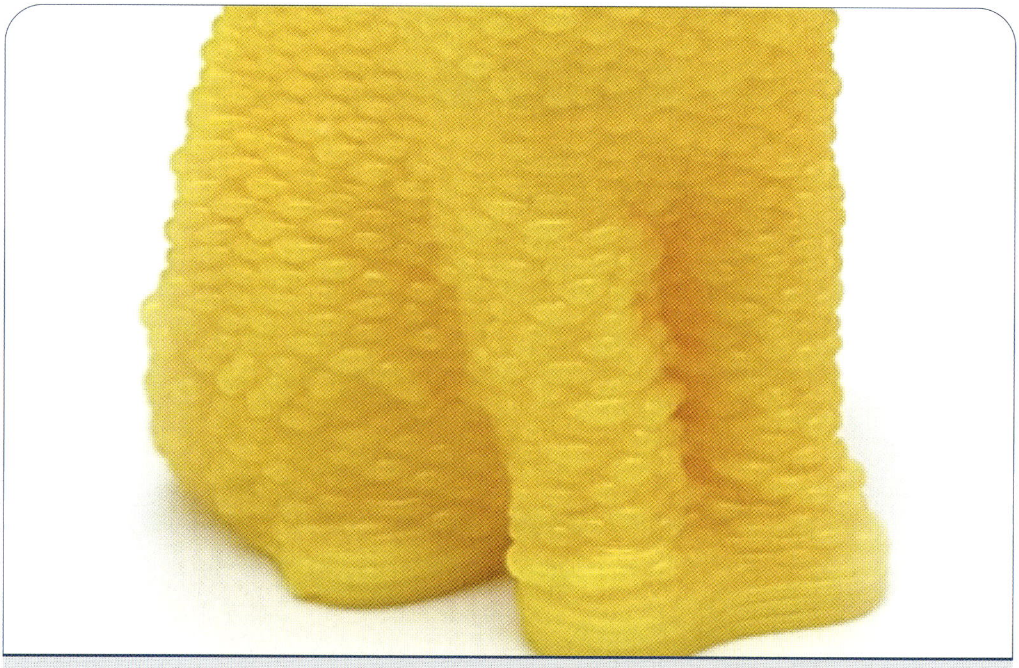

[그림 6-1] 압출 과다 출력물

## 2 거미줄 현상

출력물 구조 사이에 미세한 필라멘트 줄이 생긴 것을 표현하는 것으로 익스투르더가 새로운 위치로 이동하는 동안에 노즐에서 필라멘트가 새어나와 발생한다. 리트렉션 거리 증가, 익스트루더 온도 낮춤, 출력속도 높임 등을 통해 개선할 수 있다.

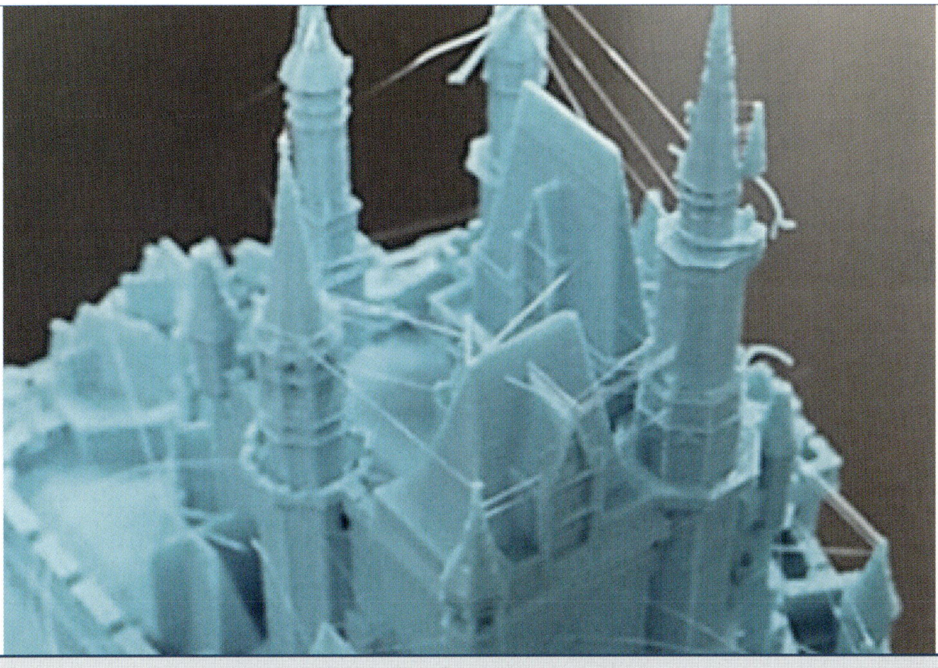

[그림 6-2] 거미줄 현상이 나타난 출력물

## 3 레이어 이탈

모터가 처리할 수 있는 것보다 빠른 속도로 이동하도록 설정이 된다면 원하는 위치에 도달하지 못한 상태에서 출력이 진행되어 레이어 이탈 현상이 발생할 수 있다. 빠른 출력 속도로 인해 이러한 문제가 발생한다고 예상된다면 출력 속도를 50% 정도로 줄여 작업하는 것을 권장한다.

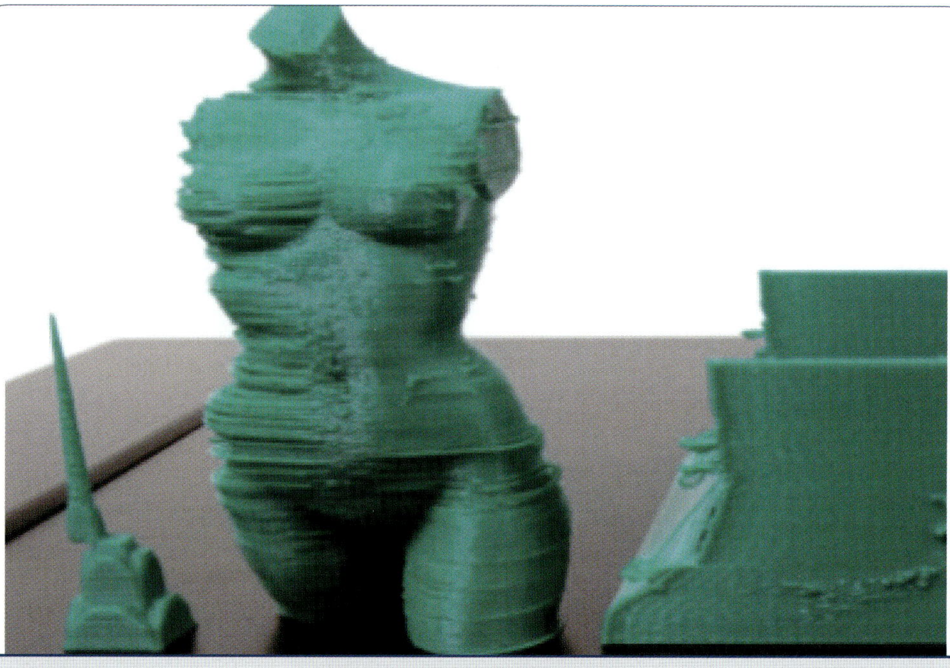

[그림 6-3] 레이어가 이탈된 출력물

## 4 레이어 분리 및 갈라짐

레이어의 높이가 노즐 지름보다 60% 이상의 값을 가지는 경우 아래 레이어에 새 레이어가 적절히 결합하지 못하는 경우가 발생할 수 있다. 이 경우 슬라이싱 시 레이어의 높이를 낮춰 레이어의 수를 늘리는 것으로 문제를 해결할 수 있다. 레이어의 높이가 적절히 설정되었음에도 불구하고 유사한 현상이 발생한다면 노즐 온도가 필라멘트 권장 온도보다 낮게 설정되어 층 간 결합이 원활하지 않을 수 있다.

[그림 6-4] 레이어가 분리된 출력물

단백질 구조 예측과 3D프린팅을 이용한
단백질구조모형 제작 실험서

| | |
|---|---|
| 초판인쇄 | 2024년 9월 27일 |
| 초판발행 | 2024년 9월 27일 |
| 저자 | 서주현, 조현열 |
| 발행인 | 정승렬 |
| 발행처 | 국민대학교 출판부 |
| 등록 | 1975년 6월 17일 제 6-33호 |
| 주소 | 서울시 성북구 정릉로 77(정릉동) |
| 전화 | 02-910-4242 |
| 팩스 | 02-910-4240 |
| 인쇄 · 편집 | 동방인쇄공사 (02-468-0301) |
| ISBN | 978-89-7812-539-0 |
| 가격 | 15,000원 |

* 잘못된 책은 교환해 드립니다.

* 본 서적은 환경부와 한국환경산업기술원의 생물소재 특성화대학원 사업의 지원을 받아 제작함